compilado por
DIEGO GOLOMBEK

Paula Beluardi
Georgina Coló
Martín Fabani
Luciana Fuentes
Virginia González
Axel Hollman
Melina Laguía Becher
Natalia Martínez
Matías Nóbile
Nicolás Palopoli
Pablo Pellegrini
Joel Pérez Perri
Natalia Periolo
Santiago Plano
Maximiliano Portal
María Candelaria Rogert
Rosana Rota
Lucía Speroni
Dolores Valdemoros

Prólogo por
PABLO KREIMER

Colección "Ciencia que ladra..."
Dirigida por DIEGO GOLOMBEK

 Universidad
Nacional
de Quilmes

 Siglo
veintiuno
editores
Argentina

Siglo veintiuno editores Argentina s.a.
TUCUMÁN 1621 7º N (C1050AAG), BUENOS AIRES, REPÚBLICA ARGENTINA

Siglo veintiuno editores, s.a. de c.v.
CERRO DEL AGUA 248, DELEGACIÓN COYOACÁN, 04310, MÉXICO, D. F.

Universidad
Nacional
de Quilmes
Editorial

R. Sáenz Peña 180, (B1876BXD) Bernal,
Pcia. de Buenos Aires, República Argentina

Demoliendo papers : la trastienda de las publicaciones científicas /
compilado por Diego Golombek; con prólogo de: Pablo Kreimer - 1a
ed. - Buenos Aires: Siglo XXI Editores Argentina
2005
152 p.; 19x14 cm.

ISBN 987-1220-08-1

1. Ciencias Naturales I. Golombek, Diego, comp. II. Kreimer, Pablo,
prolog. III. Título
CDD 500

Portada de Mariana Nemitz

ISBN: 987-1220-08-1

Impreso en 4sobre4 S.R.L.
José Mármol 1660, Buenos Aires,
en el mes de julio de 2005

Hecho el depósito que marca la ley 11.723
Impreso en Argentina – Made in Argentina

ESTE LIBRO
(y esta colección)

Hace algunos años comenzamos una aventura con un grupo de alumnos que, increíblemente, se transformó en una materia hecha y derecha, de características académico-gastronómicas, ya que cada clase se convirtió en una degustación de manjares. La idea era conocer íntimamente al *paper*, esa carta de presentación obligatoria para los científicos. Efectivamente, el *paper* es la forma de comunicar la ciencia, de poner en común el conocimiento... pero no está exento de historias humanas, de modas, de celos y de contradicciones. PUBLICA O PERECE (*publish or perish*), reza uno de los lemas de la investigación; dime qué publicas y te diré quién eres, parece ser la medida de juicio de quienes nos dedicamos a estas actividades.

Por eso vale la pena conocer de cerca a este amigo-enemigo de los científicos. El *paper*, casi por definición, está escrito en *difícil*, una curiosa lengua técnica de acceso a unos pocos iniciados. Esto tiene un claro objetivo: la precisión del lenguaje, que es lo que permite que se cumpla con uno de los preceptos de la ciencia: la replicabilidad de todo hallazgo. En la ciencia no vale el principio autoritario de que las cosas son así porque las dice el jefe (o el papá, o el Papa), sino que algo vale porque está demostrado experimentalmente, puesto en común y replicado por cualquier científico que tenga ganas de hacerlo.

Una de las propuestas finales de esta aventura fue que los

alumnos escribieran un *paper* con todas las reglas, pero con alguna temática absurda o disparatada. En otras palabras: aprender a reírnos de nosotros mismos, de nuestros métodos y nuestros lenguajes. He aquí, entonces, una primicia: los científicos —o al menos los estudiantes de ciencia— ¡se ríen! ¡Se divierten! ¡Comen!

Este libro es, entonces, una selección de los demoledores de *papers* que aportaron pruebas irrefutables sobre la caída de las tostadas, la divinidad del botón, la existencia del hombre de la bolsa o el efecto de la música sobre el crecimiento de las plantas. Después podremos volver a nuestros ratones, tubos de ensayo y máquinas de avanzada, con la barriga llena y el corazón contento. Desarrollar la imaginación es, después de todo, una de las mejores formas de acercarse a la ciencia.

Esta colección de divulgación científica está escrita por científicos que creen que ya es hora de asomar la cabeza por fuera del laboratorio y contar las maravillas, grandezas y miserias de la profesión. Porque de eso se trata: de contar, de compartir un saber que, si sigue encerrado, puede volverse inútil.

Ciencia que ladra... no muerde, sólo da señales de que cabalga.

Diego Golombek*

* Es doctor en biología (UBA), investigador del CONICET y profesor titular en la Universidad Nacional de Quilmes, donde dirige el laboratorio de Cronobiología.

Índice

Prólogo
Sobre el nacimiento, el desarrollo y la demolición de los *papers*

PABLO KREIMER*

Introducción: un poquito de contexto, algo de texto y unos gramos de erudición

Hace unos años, concurrí a un seminario sobre revistas científicas en el mundo hispanohablante. La idea era darle mayor "visibilidad pública" a las producciones en la lengua de Cervantes, frente al aparente implacable dominio de la de Shakespeare en esas arenas. El contexto era interesante y entretenido, porque convivíamos en dulce montón responsables de revistas –y por lo tanto investigadores– de ciencias "duras" con practicantes –es un decir– de las ciencias sociales, en particular sociólogos de la ciencia.[1] Allí presenté una tesis en la que insisto cada vez que puedo, y que consiste en afirmar que los *papers*, los artículos científicos, pueden ser muchas cosas pero, por sobre todo, son instrumentos retóricos, es decir, piezas discursivas destinadas a *convencer*. Agregué, de inmediato, que los *papers* no *son* la ciencia, y mucho menos LA VERDAD, sino que se trata de ejercicios que practican los científicos para convencer a los otros de lo importante que son las cosas que hacen. Cuando iba desarrollando las tres cuartas partes de mi argumento

* Pablo Kreimer es sociólogo y doctor en "Ciencia, tecnología y sociedad". Se desempeña como profesor titular de la UNQ, investigador del CONICET y director del Doctorado en Ciencias Sociales de FLACSO Argentina. Actualmente trabaja sobre las dinámicas de producción y uso social de conocimientos en contextos centrales y periféricos.

[1] Al respecto, cabe citar el importante matiz aportado por el sociólogo Emilio de Ipola, que sugiere no olvidar las ciencias "al dente".

(o tal vez un poco menos, me disculparán aquí la obligada falta de precisión), una bioquímica catalana muy simpática y editora de una importante revista me preguntó, con su particular acento: "Oye, chaval, ¿todo este cuento que nos estás echando te lo crees de verdad o lo dices sólo para provocarnos?". Casi sin dudar, le respondí: "Las dos cosas, puesto que, además, no son excluyentes".

Parece propicio entonces que nos formulemos una pregunta que apunta al sentido común y que, como todas aquellas cuestiones que, de pronto, cuestionan aquello que todo el mundo da por sentado, nos sorprenden: ¿por qué los científicos publican *papers*? Si le hacemos esta pregunta a cualquier investigador, e incluso a un joven becario, nos mirará como si estuviéramos locos o en estado avanzado de beodez. Es posible que incluso nos tome la presión, observe la dilatación de nuestras pupilas y, si todos los signos externos parecen normales, se pregunte calladamente de qué planeta acabamos de llegar. Pasado el sofocón, e intentando convencerse de que "realmente" esperamos una respuesta, nuestro interlocutor respirará hondo y nos responderá algo así (dependiendo del casete que tenga puesto ese día):

a) Publicamos *papers* porque es el modo de dar a conocer el RESULTADO de nuestros trabajos, de nuestras investigaciones al resto de la comunidad científica.

b) Publicamos *papers* porque así damos a conocer nuestros avances en el CONOCIMIENTO sobre los problemas que investigamos, de modo que otros investigadores, EN CUALQUIER PARTE DEL MUNDO, puedan utilizar nuestros hallazgos para seguir avanzando en la resolución de problemas para la humanidad.

c) Publicamos *papers* porque allí hacemos PÚBLICOS los DESCUBRIMIENTOS que hicimos en nuestros laboratorios.

En una segunda charla, una vez que nos admiramos de las loables tareas que nuestro interlocutor emprende todas las mañanas, es altamente probable que agregue:

d) Bueno, también publicamos *papers* porque estamos sometidos a un sistema según el cual las instituciones nos evalúan
de acuerdo con lo que publicamos, de modo que no tenemos
más remedio que publicar la mayor cantidad posible de *papers*, para ser mejor evaluados y tener más prestigio.

e) Es posible que a su vez agregue, a modo de pregunta: ¿pero
usted no oyó hablar de *"publish or perish"*? PUBLICAR O PERE-
CER, traduzco prolijamente.

f) Publicamos *papers* para dar a conocer nuestros trabajos AN-
TES de que lo hagan otros, porque no sólo hay que publicar,
sino que además hay que llegar primero.

g) Publicamos *papers* para ganar PRESTIGIO, porque quienes más
publican son más conocidos y valorados y, gracias a eso, ac-
cedemos a mejores recursos, con los cuales podemos comprar
mejores EQUIPOS y otros insumos y, con ellos, hacer más experimentos que nos permitirán tener más becarios y, finalmente, publicar más *papers*. Así, vamos a acumular más prestigio,
y entonces conseguiremos acceder a más recursos, lo cual, como ya le expliqué, nos permite desarrollar más experimentos,
y por lo tanto publicar más y mejores *papers*. Es claro, ¿no?

Las mayúsculas que aparecen en los ítems anteriores no se deben a un bloqueo involuntario de la tecla "Caps Lock" (que tan-
tos disgustos nos trae), sino a un conjunto de temas y conceptos
que intentaremos discutir en las páginas que siguen.

Llegado a este punto, parece interesante observar que las dos
dimensiones que expresan los dichos de nuestro investigador imaginario apuntan, en realidad, a las dos dimensiones constitutivas
de la ciencia moderna: los aspectos sociales y los aspectos cogni-
tivos. Veamos muy rapidito los dos aspectos:

En el sentido social, los científicos son trabajadores que, como cualquier otro laburante, se inscribe en un espacio de relaciones sociales en donde existen jerarquías, grupos sociales, conflic-
tos, solidaridad, luchas, tradiciones y traiciones, amores y odios.

Sin embargo, del mismo modo que otras profesiones, también tiene sus reglas propias. Como ocurre frecuentemente, para explicarlas es necesario recurrir a la historia: hoy parece un lugar común decir (y creer) que la ciencia es una actividad *pública*. Y esto sigue siendo así, más allá de la importante cantidad de investigaciones que se realizan en ámbitos privados (en empresas) o que permanecen en secreto (por razones generalmente militares o industriales). Pero el hecho de que la ciencia sea una actividad pública tiene su origen en siglo XVII, cuando de la mano de algunos científicos, en particular Isaac Newton, se creó en Inglaterra la Royal Society, una de las primeras *instituciones* en donde se radicaron algunos investigadores de la época.[2] Hasta entonces, las investigaciones eran prácticas *privadas*, que algunos desarrollaban en los garajes, en los fondos o en los desvanes de sus casas, como quien tiene un pequeño taller de carpintería o de aeromodelismo.

Así, la ciencia fue pasando del ámbito privado al espacio de lo *público*, y eso tuvo dos consecuencias: por un lado, y desde entonces, los Estados y los gobiernos sostuvieron, de diversas maneras en cada país, las actividades científicas. Me gustaría llamar la atención sobre el hecho de que esto, como todo proceso social, podría no haber sido así: la ciencia podría haber seguido conformando un conjunto de prácticas privadas, del mismo modo que la educación, en la actualidad, podría perfectamente seguir siendo una tarea de los padres o de maestros particulares. De modo que la ciencia, como la escuela pública, es una institución creada (en la modernidad) por las sociedades, y no tiene nada de "natural". Por otro lado, el pasaje al ámbito *público* generó la exigencia de que los científicos hicieran *públicas* (la redundancia es inevitable) sus investigaciones. Por cierto, hay aquí un juego de palabras entre el carácter público (como opuesto a privado) de la

---

[2] Es cierto que el rigor histórico nos impone hablar como antecedente de las Academias italianas que surgieron en el Renacimiento, pero una buena parte de los historiadores coinciden en señalar que la ciencia moderna comienza con Newton. Por supuesto, nadie tiene la última palabra en estos temas, y para cada posición existen buenos argumentos.

actividad y la publicación, que hace referencia a la circulación por medios escritos. Cuando se crearon las primeras asociaciones científicas, comenzaron a publicarse, también, las primeras revistas destinadas a difundir los avances de las investigaciones. De allí al *paper* hay un solo paso.

Sin embargo, además del aspecto social, la ciencia tiene una dimensión cognitiva o, dicho de otro modo, genera conocimientos. Hay una vieja y aún no saldada discusión acerca de si la ciencia realiza "descubrimientos", es decir, si descubre aquello que el mundo físico y natural nos "oculta", o si bien "produce" conocimiento, es decir, "crea entidades y conceptos". Gracias a Dios, no intentaremos dilucidar esta cuestión en estas páginas. Pero podemos ponernos de acuerdo, al menos, en que los científicos hacen varios tipos de operaciones con el mundo natural.

   a) En primer lugar, lo *observan*. A diferencia de los otros mortales (sí, los científicos también lo son, como lo muestra abundante material empírico), observan el mundo natural *sistemáticamente*.

   b) Luego de observarlo, a menudo realizan *mediciones* de todo tipo, para lo cual suelen utilizar una amplia gama de instrumentos, que van desde los más simples, como una regla o una balanza, hasta los más complicados espectrómetros de masa, por ejemplo.

   c) Una vez que realizaron las mediciones correspondientes, en algunas disciplinas (que el historiador, epistemólogo y casi sociólogo Ian Hacking llama "ciencias de laboratorio"), *intervienen* sobre el mundo natural, es decir, lo modifican. Como en el caso anterior, estas *intervenciones* pueden ir desde lo más simple, como hervir agua, hasta algo un poco más complejo, como clonar una oveja.

   d) Antes y después de las operaciones a) y b), y en algunos casos de la operación c), los científicos *representan* el mundo natural. Esto es indispensable. Así como para darle un beso al amado/a debemos "representarnos" a esa persona y hacerla depositaria de nuestros más altos sentimientos, para intervenir sobre el mundo natural debemos generar un conjunto de representaciones para poder explicarlo.

Digamos, en una síntesis tan apretada como incompleta, que esas operaciones son las que permiten hablar de "conocimiento" y, en particular, de conocimiento científico.

Ahora bien, ¿cómo llegamos al *paper*? En primer lugar, vamos a romper un mito (si es que no está roto aún): el *paper* no "es" el conocimiento ni la "ciencia". Ni aun cuando aceptáramos que el *paper* "represente" al conocimiento como forma codificada (hipótesis de todos modos harto discutible), un *paper* oculta muchas más cosas de las que muestra. Veamos, de nuevo rapidito, algunas de ellas:

a) Un *paper* muestra el éxito y esconde el fracaso: en efecto, cuando se redacta un artículo, ningún científico con pretensiones de que se lo publiquen describe todos los procesos que tuvo que desarrollar para llegar a la redacción que obra en manos del *referee* (N. del autor: "persona poderosísima que tiene en sus manos el futuro de la humanidad o, por lo menos, de los investigadores que someten *papers* a la revista que le confía los manuscritos") encargado de dictaminar sobre su publicación. Por ejemplo, muchos conocimientos surgen de ensayos fallidos o fracasados que muestran no cómo las cosas son, sino, precisamente, como "no son".[3]

b) Un *paper* oculta todo lo que, desde hace mucho tiempo, Michael Polanyi denominó "conocimiento tácito", es decir, un montón de aspectos que tienen que ver con la práctica de la

---

[3] Una vez, un biólogo español radicado en Inglaterra me contó cómo, creyendo trabajar sobre la cepa X de una bacteria determinada, se pasó más de un año "clonando agua". Cuando gracias a ello tuvo que desarrollar un test especial para determinar de qué tipo de cepas se trataba, en su *paper* ocultó puntillosamente sus devenires acuáticos.

investigación científica y que no son *codificables*, tales como
la destreza del experimentador (científico o técnico), ciertas
condiciones que no llegan a especificarse (incluso porque se
piensa que algunas de ellas no son importantes), la cultura y
el lenguaje propios del grupo de investigación que produjo el
paper, los diferentes lugares en donde éste fue producido (a
veces un experimento se hizo a 15.000 kilómetros de otro experimento), los procesos de aprendizaje necesarios para poner en marcha las experiencias (lo que en inglés se denomina
proceso de *learning by doing*) y así sucesivamente.[4]

c) Un *paper* también oculta el papel que los autores desempe-
ñan en un campo científico de relaciones sociales. Es cierto,
sobre este aspecto sí tenemos algunas pistas: cuando los autores dicen, por ejemplo, que "ya ha sido establecido que..."
y acto seguido citan sus propios trabajos anteriores, tenemos
un indicio de que no se trata de ningunos novatos. También
tenemos algunas pistas de quiénes suelen ser sus "amigos" y
con quiénes se pretende discutir. Pero son sólo eso, "pistas"
que el lector atento puede decodificar, con la condición de
manejar un conjunto de informaciones que le resultarán im-
prescindibles para entender quién y de qué está hablando.

d) Finalmente, un *paper* oculta, también, el ya señalado interés (o
la necesidad) del autor (o de los autores) por legitimarse, por
contar en su currículum con una publicación más que pueda
hacer valer ante sus pares y ante los temibles burócratas (casi
todos son sus propios pares) que habrán de evaluarlo.

Según el muy provocador sociólogo francés Bruno Latour, los
papers son piezas retóricas de una enorme utilidad puesto que, para él, la vida científica tiene mucho de estrategia política. Por eso,
a partir de los *papers* se realizan dos pasajes fundamentales: por
un lado, se pasa de la "ciencia mientras se hace" a la "ciencia he-

---

[4] Polanyi, M., *The Tacit Dimension*, Nueva York, Doubleday & Co., 1966.

14 DEMOLIENDO PAPERS

cha". Por otro lado, se pasa del "enunciador individual" al "juego de los aliados".[5] Dicho en dos palabras (discúlpenme, es un eufemismo): la ciencia mientras se hace es aquella que aún no ha sido aceptada como tal, que aún es objeto de discusión, de controversia, de fabricación (esta última idea es crucial para Latour). Cuando se logra publicar es porque se pudo pasar de un enunciado muy probabilístico e hipotético, que puede tener la forma de "parece plausible" (se puede reemplazar por un más pedestre, sincero y de entrecasa "che, me parece...") que "el gen Tal codifique la proteína que cumple Cual función". Como cualquiera puede apreciar, este enunciado está más próximo a una charla en la barra del café que a un hecho científico. Sin embargo, en los *papers*, uno no se puede dar el lujo de semejante barbarismo, porque los *referees* (quienes alguna vez también se han expresado así o de modos más populares aún) lo están esperando a uno con la máquina de picar carne afilada y en marcha. No. Hay que llegar a enviar un *paper* para publicar con enunciados tales como "se halla debidamente comprobado..." o "como ya ha sido establecido...".

Sin embargo, por simple que parezca, estos dos últimos enunciados, el hipotético y el asertivo, están separados por un largo proceso de *fortalecimiento*, para lograr pasar de un enunciado "débil" a un enunciado "fuerte". Para ello se utilizan herramientas diversas, algunas de las cuales son puros recursos que dependen de la habilidad del científico, pero que en su mayor parte suelen existir en los laboratorios. Se trata, por ejemplo, de fotografías, radiografías, diagramas, imágenes variadas (de microscopio, de telescopio, de computadora), tablas con datos, cuadros, cuadritos, recuadros, dibujitos y todo otro elemento que pueda vencer la congénita suspicacia de que todos, en todo momento, podemos estar metiéndole el perro al lector. Porque de eso se trata (más o menos) el "escepticismo organizado", norma fundante de la co-

[5] Latour, Bruno, *La vie de laboratoire. La construction social des faits scientifiques*, París, La Découverte, 1989.

munidad científica según el magno inventor de la sociología de la
ciencia, el sociólogo funcionalista Robert Merton.[6]

Veamos. No es lo mismo afirmar "los chinos comen arroz", sin
mayores precisiones, que escribir:

> A lo largo de 5 años de experiencias y de trabajos de cam-
> po realizados en 7 provincias (ver mapa 1) de la República
> Popular China, se ha podido establecer que el consumo de
> arroz (en sus diversas variedades y preparaciones) resulta
> predominante en los diferentes segmentos etarios de dicha
> población, según se puede observar en los Diagramas 1 a 3.
> Las propiedades del arroz en términos nutritivos son ya bien
> conocidas (ver Tabla 2) y, a su vez, se ha comprobado feha-
> cientemente que este alimento proporciona gran satisfac-
> ción a los sujetos en cuestión, tal como puede apreciarse en
> la Figura 3.

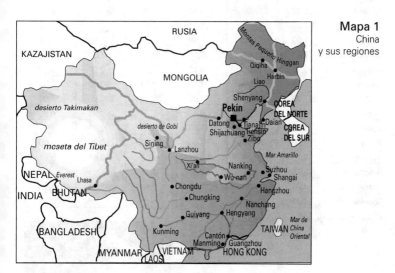

Mapa 1
China
y sus regiones

---

[6] Merton, R., *La sociología de la ciencia*, Madrid, Alianza, 1977.

Diagramas 1 a 3
China: Distribución del consumo de alimentos por grupo etario

De 0 a 7 años   De 7 a 18 años   De 19 años y más

Tabla 2
Composición química y valores energéticos del arroz

Por 100 gramos						
	INTEGRAL		**BLANCO**		**PARBOILED**	
	Crudo	**Cocido**	**Crudo**	**Cocido**	**Crudo**	**Cocido**
Agua %	12,00	70,30	12,00	72,60	10,30	73,40
Energía aliment.	360,00	119,00	363,00	109,00	369,00	106,00
Proteínas (gr)	7,50	2,50	6,70	2,00	7,40	2,10
Gordura	1,60	0,60	0,40	0,10	0,30	0,10
Carbohidratos	77,40	25,50	80,00	24,20	81,30	23,30
Fibras	0,90	0,30	0,10	0,20	0,20	0,10
Calcio	32,00	12,00	24,00	10,00	60,00	19,00
Fósforo	221,00	73,00	94,00	28,00	200,00	57,00
Hierro	1,60	0,50	0,80	0,20	2,90	0,80
Sodio	9,00	***	5,00	***	9,00	***
Potasio	214,00	70,00	92,00	28,00	150,00	43,00
Tiamina	0,34	0,09	0,07	0,02	0,44	0,11
Riboflavina	0,05	0,02	0,03	0,01	***	***
Niacina	4,70	1,40	1,60	0,40	3,50	1,20
Tocoferol (Vit. E)	29,00	8,30	***	***	***	***

Fuente: "Composition of foods", FAO, 2003.

Figura 3
Propiedades del arroz

Por otro lado, señala el mismo Latour, en las estrategias para convencer, además de recurrir a todos estos elementos que nos brindan credibilidad (a los que llama "inscripciones"), los científicos reclutan aliados para fortalecerse y ponerse en mejor posición para que los otros acepten nuestros enunciados. Así, cuando yo digo "el doctor Fulano ha demostrado que..." siendo Fulano, por ejemplo, un Premio Nobel, estoy obligando a quienes quieran discutir mis enunciados a vérselas, además de conmigo mismo, con el Nobel en cuestión. Lo mismo ocurre cuando se señala la pertenencia institucional (Universidad, Centro de Investigación, Programa, etc.) que muestra que no soy un "loco suelto" sino que mis afirmaciones están respaldadas por una institución muy seria, antigua y prestigiosa.

Como se ve, los *papers* tienen una relación importante con las investigaciones, pero están lejos de ser un mero reflejo de ellas.

Para terminar esta sección, me parece oportuno reproducir un excelente texto que, aunque un poco largo, es muy significativo, tanto por lo que dice como por "quién" lo dice: se trata de Oscar Varsavsky, matemático argentino que escribió en 1969 *Ciencia, política y cientificismo*, un libro revelador y provocador en varios sentidos. Dice Varsavsky:

> Piénsese en lo trillado o nítido del camino que tiene que seguir un joven para llegar a publicar. Apenas graduado se lo envía a hacer tesis o a perfeccionarse al hemisferio Norte, donde entra en algún equipo de investigación conocido. Tiene que ser rematadamente malo para no encontrar alguno que lo acepte. [...] Allí le enseñan ciertas técnicas de trabajo –inclusive a redactar *papers*–, lo familiarizan con el instrumental más moderno y le dan un tema concreto vinculado con el tema general del equipo, de modo que empieza a trabajar con un marco de referencia claro y concreto. [...]
> Si en el curso de algunos años ha conseguido publicar me-

dia docena de *papers* sobre la concentración del ion potasio en el axón de calamar gigante excitado, o sobre la correlación entre el número de diputados socialistas y el número de leyes obreras aprobadas, o sobre la representación de los cuantificadores lógicos mediante operadores de saturación abiertos, ya puede ser profesor en cualquier universidad y las revistas empiezan a pedirle que sirva de *referee* o comentarista.[7]

Sobre este libro y otros debates

Antes de avanzar en los contenidos propios de este libro me parece ineludible que hagamos algunos comentarios sobre un episodio que fue célebre hace algunos pocos años: me refiero a lo que se conoció como "Affaire Sokal". En síntesis, lo que ocurrió entonces fue que, para mostrar cómo ciertas revistas de ciencias sociales podían "publicar cualquier cosa" con tal de que ello estuviera respaldado en un lenguaje esotérico y tuviera una abundancia de citas eruditas, el físico estadounidense Alan Sokal decidió hacer una broma-trampa-experimento. Envió a la revista *Social Text*, editada por un grupo que se inscribe en los llamados "estudios culturales" y que está particularmente abierto a todas las manifestaciones heterodoxas, un artículo titulado "Transgrediendo las fronteras: hacia una hermenéutica transformadora de la gravedad cuántica".[8]

Sokal decía en su artículo que pretendía "...ir más allá de algunos análisis que habían planteado la traza cultural de la mecánica cuántica [Aronowitz], el discurso oposicional de la ciencia poscuántica [Ross], la exégesis de género en la mecánica de los

---

[7] Varsavsky, O., *Ciencia, política y cientificismo*, Buenos Aires, Centro Editor de América Latina, 1969, p. 46.
[8] Sokal, A., "Transgressing the boundaries: Toward a Transformative Hermeneutics of Quantum Gravity", *Social Text*, vol 14, Nro 46-47, 1996.

fluidos [Irigaray]". Así, "tomando en cuenta desarrollos recientes en la gravedad cuántica, [en los cuales se plantea que] las múltiples dimensiones espacio-tiempo dejan de existir como una realidad física objetiva; la geometría se torna relacional y contextual, y las categorías conceptuales fundacionales de la ciencia más relevante –entre ellas, la existencia misma– se vuelven problemáticas y relativizadas".[9]

La parte final del *paper* está destinada a mostrar los aspectos *políticos*, en donde se mezclan aspectos tales como "la redefinición de los espacios institucionales en los cuales se desarrolla la labor científica –universidades, laboratorios del gobierno, corporaciones–" para que los científicos se vuelvan conscientes de la "utilización social (aun en contra de sus mejores instintos)" del conocimiento que ellos producen. Para ello, concluye Sokal, muchas teorías científicas recientes podrían colaborar en el diseño de una "ciencia liberadora".

Prácticamente al mismo tiempo, Sokal publicó otro en la revista *Lingua Franca* en el cual revela que el artículo anterior era, en realidad, una parodia.[10] Pero esta parodia estaba construida a partir de citas de autores que son de referencia obligada en el campo de los estudios culturales (Derrida, Deleuze, Guattari, Irigaray, Lacan, entre otros), y en donde Sokal pretendía poner en evidencia la liviandad –o directamente la ignorancia– con la cual los autores citados –y muchos otros– utilizan en sus argumentos aspectos relativos a diferentes formulaciones del campo de la física. Esto da lugar, según el autor, a múltiples usos abusivos, cuando no directamente erróneos e incluso absurdos de los enunciados científicos en cuestión.

En realidad, el experimento es interesante más allá de los propósitos del mismo Sokal. Se desató entonces una verdadera guerra de las disciplinas: científicos "duros" que se mofaban de las

---

[9] Sokal, A., *op. cit.*, p. 218.
[10] Sokal, A., *A Physicist Experiments with Cultural Studies* (Un físico experimenta con los estudios culturales), publicado en *Lingua Franca*, 1996.

ciencias sociales, otros científicos más duros aún que se indigna-
ban de cómo las ciencias sociales usan el lenguaje de las ciencias
físicas o naturales con ignorancia, cientistas sociales que aprove-
charon para castigar a los estudios culturales y a sus adversarios,
y así sucesivamente. Pero en realidad, lo interesante que muestra
el experimento de Sokal (aunque él mismo, como físico, tiene di-
ficultades en aceptar) es llamar la atención sobre la sacralización
que las comunidades científicas han hecho del sistema de *papers*
que parece articular la mayor parte de la vida académica hacia el
fin del siglo xx.

De hecho, podemos decir hoy sin miedo a exagerar (bueno,
con algo de miedo, que nunca hace mal) que la mayor parte de
los laboratorios se fueron convirtiendo en verdaderas "fábricas de
papers" en donde la posibilidad de publicación no está "al final
del largo, sinuoso y creativo proceso de la investigación", sino que
muchas veces está al comienzo del camino: a menudo se investiga aquello que se podrá publicar, e incluso los plazos y la organi-
zación del trabajo se articulan alrededor de este eje.

Así como Sokal realizó de manera divertida un experimento
con los *papers* (aunque la gente de *Social Text* y sus amigos lo tomaron con bastante poco humor), este libro resulta un aporte muy
fresco, divertido y provocador para seguir pensando en el papel
de los *papers*, la retórica, la función de la ciencia, de los científicos y de todo lo que los rodea.

El lector se encontrará, en las páginas que siguen, con textos
que abordan problemas clásicos, como el eterno dilema que for-
mula la ley de Murphy, según la cual las tostadas siempre caen
con la mermelada hacia abajo, frente al serio problema de que los
gatos caen siempre de pie. Así las cosas, es válido preguntarse:
¿cómo cae un gato con una tostada atada al lomo?

Otras cuestiones abordan lo autóctono: los efectos soporífe-
ros de la ingesta de mate, tema espinoso en nuestro país y problema existencial del otro lado del Plata, para el cual se presenta
abundante evidencia empírica. O la clasificación de los sándwi-

ches de miga, de amplio consumo en los mayores centros urbanos de la Argentina, en donde se aborda la cuestión desde el punto de vista histórico.

Otros temas se encabalgan en los dos tópicos precedentes, puesto que tratan, al mismo tiempo, acerca de creencias firmemente establecidas, así como sobre una especie muy criolla que abunda en nuestras tierras, como los colectivos u ómnibus y el importante papel de la humorina: ¿cuáles son las razones científicas que explican la llegada del colectivo cuando uno enciende un cigarrillo?, ¿qué causas naturales pueden explicar este fenómeno, y así desechar las simpáticas leyendas populares?

Por otro lado, y para descartar el mito, fuertemente arraigado, de que la investigación rigurosa nada tiene que ver con las fuerzas sobrenaturales, un sesudo artículo nos muestra cómo se produce la replicación del ADN, dejando atrás las discutibles hipótesis que señalan procesos tales como transcripción y ARN mensajeros (digamos de paso: ¡qué poco riguroso nos pareció siempre llamar "mensajero" a una porción de ácidos nucleicos!). No. La explicación, afirma este artículo, se debe encontrar en la voluntad de Dios. Así de simple.

Siguiendo con los aspectos que refieren al Altísimo, razón muchas veces olvidada en artículos que se han pretendido de indudable rigor, otro de los artículos se dirige a establecer la divinidad de los botones. Pero no se trata de un mero abordaje cualitativo: se establece una unidad para medir el grado de divinidad (GRADIV) que será, sin dudas, de una enorme utilidad para desarrollos futuros.

Sin embargo, no todos los artículos de este libro se orientan a trabajos propios de las ciencias básicas. Por el contrario, algunos de ellos señalan importantes aplicaciones tecnológicas surgidas del trabajo de laboratorio. En esta dirección se enmarca el importante estudio que evalúa la utilización alternativa del uso de insecticidas frente a métodos más sofisticados, como el empleo de la ojota, en la siempre importante lucha contra las cucarachas.

Otra línea importante de indagación con importantes aplicaciones tecnológicas que seguramente será objeto de aprovechamiento por parte del sector empresario –en particular los sellos discográficos– e incluso de numerosas amas de casa, muestra los resultados de los diferentes gustos musicales sobre el crecimiento de las plantas. El planteo tiene consecuencias que el autor no aborda, pero que seguramente el lector prevenido no pasará por alto: ¿qué ocurre cuando los gustos de las plantas no coinciden con los del ama de casa? ¿Deberá resignarse a un crecimiento más lento, o a escuchar eternamente, por ejemplo, música de bailanta, si es ello lo preferido por, digamos, su potus? Sin dudas, investigaciones ulteriores apuntarán a echar más luz sobre la cuestión.

Como corresponde (y el lector lo apreciará, sin dudas) todos los textos están respaldados por abundantes materiales de apoyo, y han sido objeto de un riguroso trabajo de debate previo, de un exigente referato por especialistas en cada una de las temáticas propuestas, por lo que esta compilación conforma un volumen de referencia en un conjunto de tópicos centrales de las ciencias modernas o, mejor, posmodernas.

Naturalmente, y como siempre sucede, no faltará el debate posterior, las refutaciones, las declaraciones sacadas de contexto y el recrudecimiento de los escépticos. Todo ello no debe asustar: forma parte de la dinámica que nos permite el avance de los conocimientos y que hace que podamos ir construyendo, a partir de la ciencia, un mundo mejor.

Los principios físicos que determinan la caída en pie del gato prevalecen sobre la Ley de Murphy que determina la caída de la tostada con la mermelada hacia abajo

Joel Pérez Perri*
Laboratorio de Estudios Físicos y Metafísicos

Resumen

En este trabajo hemos comprobado empíricamente que la conservación del momento angular, que determina la caída de los gatos de pie, representa un principio más poderoso que la Ley de Murphy, que determina la caída de la tostada con la mermelada hacia abajo. Para esto fijamos tostadas de diferentes pesos y tamaños a la espalda de distintos tipos de gatos, atándolas o pegándolas, y tras untar entre una a tres cucharadas de mermelada a la cara exterior de las tostadas se dejó caer al sistema de diferentes alturas que iban desde 1,3 a 3,5 m. En el 99,16% de las 476 experiencias que se realizaron los gatos cayeron de pie sin ningún tipo de dificultad. De la evolución del sistema, que ha respondido a los principios físicos y no a la Ley de Murphy relacionada, pueden extraerse como conclusión, por un lado, la supremacía de aquellos principios sobre esta ley y, por otro, la falta de carácter de la misma como ley universal, en la cual se ha descubierto un límite de validez. Se propone entonces la reformulación de la ley "las tostadas siempre caen con la

* Joel Pérez Perri es estudiante de la licenciatura en biotecnología de la Universidad Nacional de Quilmes y cuando puede toca la guitarra.

mermelada hacia abajo" a "las tostadas siempre caen con la mermelada hacia abajo excepto cuando se fijan a la espalda de un gato". Creemos que este trabajo es de suma importancia ya que relaciona por vez primera la física clásica con las Leyes de Murphy, dos campos completamente aislados hasta el presente.

Introducción

A través de la conservación del momento angular, principio básico de la física clásica, y consideraciones sobre la fisiología de los gatos, se ha determinado hace años que estos animales siempre caen de pie al ser arrojados o al dejarse caer desde una altura razonable [1]. Por otro lado, una de las Leyes de Murphy [2] establece que una tostada untada con mermelada en una de sus caras siempre caerá con esta cara contra el suelo. Teniendo en cuenta estos principios surge un intrigante cuestionamiento: ¿qué sucede si se deja caer un gato con una tostada untada con mermelada atada en su espalda? O, lo que es equivalente, ¿qué sucede si se deja caer una tostada untada con mermelada con un gato atado en su cara sin untar? Sea cual sea el resultado de esta experiencia se opondrá al menos a uno de los principios [3].

La respuesta a este interrogante podría hallarse con relativa facilidad de no ser porque las Leyes de Murphy y la física clásica son dos campos sin ningún tipo de conexión ni de dominio en común, para los que no se ha encontrado hasta el momento método de cálculo alguno para relacionarlos [4].

Es por esto que hemos utilizado los procedimientos empíricos, única relación actual existente, para resolver el interrogante planteado, lo cual representa el objetivo de este trabajo, determinando qué tipo de principio, físico o de Murphy, prevalece en este caso concreto. Estos ensayos empíricos pueden sentar las bases para el desarrollo futuro de sistemas de cálculo.

Materiales y métodos

Se untaron diferentes tipos de tostadas con mermelada de ciruela, durazno o frutilla (La Campagnola, Buenos Aires, Argentina), luego de ser atadas o pegadas a las espaldas de diferentes razas de gato [ver Tabla 1]. La cantidad de mermelada untada varió de una a tres cucharadas. Para pegar las tostadas a los gatos se utilizó pegamento de máxima adherencia (El pulpito, Poxipol, Buenos Aires, Argentina) y para atarlos, sogas de 7 mm de diámetro (Flex, Santa Fe, Argentina).

Luego, considerando como límite de validez implícito para la Ley de Murphy una altura mínima de 1,30 m [5], se dejaron caer los gatos y las tostadas unidos desde esta altura hasta los 3,5 m en sucesivas experiencias incrementando 0,10 m la altura cada vez. En los ensayos, el sistema gato-tostada se sostenía a la altura adecuada y se soltaba súbitamente, permitiendo su descenso en caída libre. En la mitad de los casos se arrojó el sistema con el gato en pie y en la otra mitad con la cara untada de la tostada hacia abajo, es decir, se arrojaron gatos con tostadas unidas y tostadas con gatos unidos, respectivamente, asegurando equidad en las experiencias.

Asimismo, se realizaron controles arrojando separadamente idénticos gatos y tostadas untadas de las mismas alturas. Sin contar estos controles se realizaron 476 experiencias.

En cada ensayo se respetaron las normas de manejo de animales en el laboratorio; para quitar las tostadas pegadas se procedió a cortar pequeños mechones del pelaje de la espalda de los gatos, tomando todos los recaudos para que el método fuese indoloro.

Raza de gato	Tipo de tostada	Tipo de unión	Cantidad de ensayos realizados
Siamesa	Pan Francés	Soga (S)	35
	Pan Lactal	Pegamento (P)	33
	Fugaza	P	31
Callejera	Pan Francés	P	31
	Pan Lactal	S	30
	Fugaza	P	35
Angora	Pan Francés	S	31
	Pan Lactal	S	32
	Fugaza	P	33
Birmana	Pan Francés	S	30
	Pan Lactal	P	31
	Fugaza	P	30
Persa	Pan Francés	S	32
	Pan Lactal	S	31
	Fugaza	P	30

Tabla 1

Se muestran los diferentes sistemas gato-tostada realizados, detallando raza de gato, tipo de tostada, método de unión y la cantidad de ensayos realizados con cada uno.

Resultados

En el 99,16% de los casos los gatos cayeron de pie sin ningún tipo de dificultad, mientras que en el 0,84% restante cayeron de costado. No se detectó ningún tipo de resultado diferencial basado en alguna característica o combinación de características del sistema, como ser el tipo de gato, el tipo de tostada, el tipo de mermelada o el tipo de unión (cantidades comparables de cada uno de estos tipos cayeron de costado; dato no mostrado).

Por otro lado, el 95,4% de las tostadas arrojadas como control cayeron con la mermelada contra el suelo. El 4,6% restante, conformado por un número comparable de representantes de todos los tipos de tostadas y mermeladas (dato no mostrado), hicieron contacto con el canto formando ángulos con el piso que iban de los 45 a los 86º tomando como referencia el lado untado; no se detectaron por lo tanto resultados diferenciales basados en el tipo de tostada o de pan. El 100% de los gatos arrojados como control cayeron de pie.

Discusión

Los gatos unidos a las tostadas, o las tostadas unidas a los gatos, podrían haber hecho contacto con el suelo de tres maneras básicas distintas [6] (Ver Figura 1). El hecho de que se haya observado la resolución (a) (y sólo muy minoritariamente la [c]) en los ensayos realizados rinde cuenta sobre la prevalencia de los principios físicos de conservación del momento angular por sobre la Ley de Murphy.

De esta manera, no sólo queda solucionado el interrogante planteado sino que se ha descubierto una importante limitación en la Ley de Murphy, que determina un nuevo límite de validez para la misma. Por lo tanto, sugerimos la reformulación de la forma original de la Ley, ratificada en tiempos recientes [7], por la siguiente variante, según lo que se ha demostrado en este trabajo: "Las tostadas siempre caen con la mermelada contra el suelo, excepto cuando se fijan a la espalda de un gato".

A   B

C

Figura 1
Posibles formas de contacto del sistema gato-tostada con el suelo

(A) El gato de pie, prevalencia de los principios físicos, fotografía lateral del sistema inmediatamente después de hacer contacto con el piso. (B) La mermelada contra el piso, prevalencia de la Ley de Murphy, representación del sistema haciendo contacto con el piso terminando el ensayo. (Se esquematiza esta posibilidad ya que no se obtuvo en la práctica.) (C) El gato y la mermelada de costado, equidad de los principios físicos y la Ley de Murphy, fotografía lateral del sistema al tiempo que éste hace contacto con el suelo.

El hecho de que el 0,84% de los sistemas gato-tostada no se hayan ajustado a las normas se atribuye a la modificación estructural de los felinos, como consecuencia de su intento por desprenderse de la tostada; esta modificación pudo haber alterado la capacidad de conservación del momento angular de estos animales.

Por otro lado, el 4,6% de las tostadas arrojadas como control, que no respetaron la Ley de Murphy, responde a falencias menores intrínsecas de esta Ley, como ya han demostrado estudios previos [8] [9], o bien puede deberse a bajas cantidades de mermelada remanente en el momento de contactar el suelo (condición que es irrelevante en el sistema gato-tostada).

Consideramos, por último, que la metodología llevada a cabo en este trabajo sienta un antecedente importante en la relación hasta el momento inédita de las Leyes de Murphy con la física newtoniana, que, si bien debe considerarse exclusivamente empírico, constituye la primera medida para la elaboración de cálculos posteriores.

Referencias

1. Tripler, W. y Black, B., "La conservación del momento angular en la caída de los gatos", *Fenómenos físicos* 35, 1974, pp. 127-155.
2. Sears, T., *Tratado sobre las leyes naturales*, Wilson, 1975.
3. Semansky, S., *Paradojas*, Childs, 1982.
4. Young, L. y Jones, S., *La matemática inexistente, el mundo de Murphy*, Wilson, 2001.
5. Blissard, G. W. y Rohrmann, G. F., "Límites de validez de las Leyes de Murphy", *Leyes de Murphy*, 62, 1985, pp. 147-164.
6. Harold, F., *Resolución a problemas lógicos*, Wensley, 1996.
7. Tompson, H., "Comprobación de la validez de las leyes de Murphy", *Leyes de Murphy*, 69, 1992, pp. 24-27.
8. Zanotto, P. M. A. y Kessing, B. D., "Falencias implícitas en tres leyes", *Leyes de Murphy*, 67, 1990, pp. 45-56.
9. Hernia, E., Luque, T. y Bulach, D. G., "Errores que no son errores en las Leyes de Murphy", *Leyes de Murphy*, 80, 2003, pp. 23-40.

Criterio válido para la clasificación de los sándwiches de miga

Resumen

Los sándwiches de miga son una de las variedades de sándwiches más difundidas en la Argentina. La clasificación actual de éstos en simples y dobles no parecía responder a una razón incuestionable. Se ha estudiado lingüística y matemáticamente el problema, determinándose que la clasificación corriente de los sándwiches de miga es lógica y puede ser explicada claramente asumiendo la definición de sándwich como el criterio inequívoco para dicha designación. Además se han establecido nuevas denominaciones para las categorías de los sándwiches de miga, basadas todas ellas en criterios válidos, que quedan presentadas como propuestas en el caso de que se quisiera innovar.

Introducción

La historia marca el 3 de agosto de 1762 como el día en que viera su nacimiento el sándwich, plato infaltable, en alguna de sus múltiples variedades, en cualquier restaurante actual [1]. Una de sus variantes ha gozado de una popularidad particular en ágapes y reuniones celebradas en la Argentina: se trata del sándwich de miga, cuyas múltiples combinaciones de relleno son imposibles de enumerar. Todas ellas, sin embargo, integran una o ambas de

* Nicolás Palopoli es estudiante de la licenciatura en biotecnología de la Universidad Nacional de Quilmes y trabaja en modelos estructurales de proteínas.

las categorías de sándwiches que encabezan la oferta de quienes los elaboran: por un lado, los simples, consistentes en una capa de relleno apretada entre dos tapas de pan; por el otro, los triples, donde se agrega por encima de un sándwich simple una nueva capa de relleno, y sobre ésta, una tercera tapa de pan.

Dicha clasificación, a pesar de su amplia difusión, resulta confusa. Varios trabajos [2-4] han señalado puntos oscuros en ésta; por alguna razón aún no esclarecida el término doble no parece haber sido considerado por los maestros sandwicheros. La imposibilidad de percibir claramente cuál es el criterio utilizado pone en tela de juicio su exactitud. Es aquí donde el presente trabajo pretende echar luz, implementando el rigor científico para develar las posibles falencias en el sistema utilizado hasta hoy, intentando un acercamiento algebraico y lingüístico al problema y a sus posibles resoluciones, y dilucidando el criterio válido para la clasificación actual de los sándwiches.

Materiales y métodos

Un sándwich triple de jamón y queso, y un simple de jamón, en pan de miga blanco, fueron adquiridos en la sucursal Núñez de la panadería y confitería La Paz. Los sándwiches se transportaron en bandeja de cartón y envueltos en papel hasta el hogar del autor, sito a dos cuadras del lugar donde se los adquirió, y fueron conservados en heladera Siam (Siam, Argentina) en modo EconoFast durante el día previo a su utilización. Los cortes a los sándwiches se realizaron con un cuchillo Tramontina (Tramontina, Brasil) Stainless Steel estándar.

Se tomaron fotografías de los sándwiches estudiados con una cámara digital Sony Cybershot de 4.1 megapíxeles, a resolución intermedia.

Se buscó en el diccionario de la Real Academia de la Lengua Española el término *emparedado*, ante la ausencia en esa publicación del anglicismo *sándwich*, que pese a su propagación entre los hispanohablantes parece no caerle bien a la Real Academia.

Se evaluaron varias posibilidades acerca del porqué de llamar a los sándwiches de miga "simples" o "triples". Para tal fin se recurrió a los recursos de la lengua castellana, la matemática y la lógica, por separado o combinados.

La evaluación lingüística se estableció sobre la base de definiciones de uso corriente, suponiendo correctas ciertas sentencias en particular. Dado que la lengua surge de convenciones entre sus hablantes, el autor propone al lector que convenga en aceptar que las sentencias que se supone correctas en cada caso, en verdad lo son.

La evaluación algebraica de la naturaleza de los sándwiches se realizó a partir de la aceptación de que la fórmula $P + R + P = S$ describe al simple de miga, donde P corresponde a Pan, R a Relleno y S a Simple de miga. Para ello se ha creado un nuevo sistema matemático, nombrado Sistema Matemático del Sándwich, igual al existente en todas sus reglas, propiedades y componentes, excepto en que en dicho sistema la propiedad conmutativa de la suma no es válida; esto permite definir la estructura del sándwich a partir de la enumeración de sus componentes, siendo el que se halla más a la izquierda en la fórmula el que se encuentra por debajo al apoyar el sándwich sobre una superficie plana. Operando sobre ésta y aplicando leyes de la lógica puede llegarse a la descripción matemática, según este criterio, del hipotético sándwich doble, así como de lo que debería ser llamado correctamente un sándwich triple.

Resultados

Una imagen de alta calidad del sándwich de miga triple adquirido para la investigación se presenta en la Figura 1. Se distinguen sus diversas partes, tanto las capas de pan como las de ingredientes, en este caso, jamón y queso.

El relevo de la oferta de sándwiches en la panadería proveedora del material de estudio mostró dos variedades de simples, jamón y queso, y seis de triples: jamón y queso, queso y tomate, queso y huevo, queso y aceituna, jamón y morrón, y ananá y palmitos. En el momento de la adquisición sólo existía stock de simples y de triples de jamón y queso. No se registró la existencia de sándwiches dobles. La representación porcentual de los datos recolectados se presenta en la Figura 2.

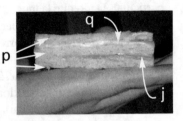

Figura 1
Sándwich triple, de miga blanca, de jamón y queso.
Se observan las tres capas de pan (p), una capa del ingrediente queso (q) y una capa del ingrediente jamón (j). La mano ejerce de soporte para el sándwich, pudiendo ser reemplazada por cualquier superficie horizontal.

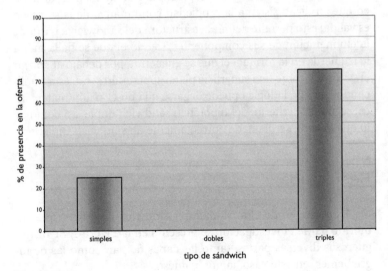

Figura 2
Distribución de muestras en el sitio de su adquisición.

ANÁLISIS MATEMÁTICO

Sea S = P + R + P la descripción, según el Sistema Matemático del Sándwich, del simple de miga, con P = Pan, R = Relleno y S = Simple.

Aplicando la lógica y la semántica, el supuesto sándwich doble correspondería a dos simples, con lo cual, si la variable D designa a doble,

D = S + S = (P + R + P) + (P + R + P) = P + R + P + P + R + P = **P + R + 2 P + R + P**

Se puede considerar aquí la eliminación de una de las dos capas de pan que se superponen, previendo un exceso indeseado de ese ingrediente. Así, este sándwich doble perfeccionado sería descripto por la fórmula D = P + R + P + R + P.

Extendiendo este razonamiento, si nuevamente se descarta uno de los dos panes que se contactan, el sándwich triple (T) se describiría por

T = P + R + 2 P + R + 2 P + R + P = **P + R + P + R + P + R + P**

ANÁLISIS LINGÜÍSTICO

El estudio semántico del problema, tomando por cierta alguna premisa en cada caso, otorgó como resultado las siguientes apreciaciones, resumidas en la Tabla 1.

Tabla 1
Nombres correctos según criterio adoptado (en filas) y según sentencias asumidas como correctas (en columnas).

	Si **Simple** es correcta	Si **Triple** es correcta
Si el criterio son las	Simple	Dos tercios de Triple
capas de pan	Simple y medio	Triple
Si el criterio son las	Simple	Medio Triple/Simple y medio
capas de relleno	Doble	Triple
Por definición	Simple	
	Triple	

Opción 1: Si la base sobre la cual se construye el sistema de designación de sándwiches de miga repara en el ingrediente esencial de cualquiera de ellos, o sea el pan, y, en particular, en cuántas capas de éste integran el sándwich; y si el actual simple estuviera nombrado adecuadamente; entonces la unidad de denominación estaría conformada por dos panes, con lo cual el triple actual debería llamarse simple y medio, puesto que contaría con una unidad, es decir, dos panes, más media unidad, el pan extra.

Opción 2: Si se repite la consideración de la cantidad de panes como elementos base en la denominación y se acepta ahora la identidad del triple como correcta, el actual simple debería ser llamado dos tercios de triple.

Opción 3: Si el criterio a adoptar es la cantidad de ingredientes que conforman el relleno, y siendo la denominación simple el término correcto, debería llamarse doble al actual triple de miga.

Opción 4: Si nuevamente se toma como criterio la cantidad de ingredientes, pero ahora considerando que es el triple el que se encuentra bien nombrado, el actual simple de miga debería llamarse medio triple. Por matemática pura, equivaldría a llamarlo simple y medio.

Opción 5: Si se recurre a la definición propuesta por la Real Academia, un emparedado o sándwich es una porción pequeña de jamón u otra vianda, entre dos rebanadas de pan de molde. Conviniendo en ampliar dicha descripción para incluir también entre los sándwiches a los que llevan un pan diferente al de molde, se puede establecer que un simple consistirá en los dos panes obligatorios que lo identifican como sándwich, junto a una única capa de relleno; en cuanto a los triples, éstos portarán, además de las dos capas de pan necesarias, de tres elementos entre ellas, dos capas de ingredientes y un tercer pan.

Discusión

La inexistencia del sándwich doble es una certeza que no sólo se condice con lo que el saber popular dicta, sino que fue avalada por el correspondiente estudio de campo. Se descarta así la idea de un sándwich doble, proponiendo entonces que se aproveche la frase "estás buscando el doble de miga" como sinónimo para "querés encontrarle la quinta pata al gato".

La designación actual de sándwich triple y simple no sale airosa del análisis matemático. Según esta aproximación, el triple que se elabora hoy en día sería descripto por la fórmula del doble. Peor aún, el álgebra prevé un sándwich triple que, hasta el día de la fecha, no existe. En su lugar podría intentarse un análisis volumétrico que considerara el espacio ocupado por cada uno de los sándwiches como criterio de denominación.

Previamente se ha mencionado [5] que la nomenclatura actual de los sándwiches de miga responde efectivamente a criterios de lógica y lingüística. Bajo esta óptica, sólo la clasificación realizada sobre la base de la definición de sándwich (o mejor, de emparedado) satisface el actual criterio de designación.

Considerando el criterio correcto, la existencia de un sándwich de miga doble implicaría disponer dos capas de relleno contiguas, por ejemplo de jamón y queso, entre dos tapas de pan; esto, si bien es común en algunos sándwiches, es insólito y hasta no recomendable en el caso del de miga, puesto que la capa de pan intermedia es demasiado delgada como para precisar la apertura en exceso de la boca en el momento de la ingesta, y además permite a aquellos de paladar acotado retirar una capa de relleno y una de las tapas externas de pan, y obtener de ese modo un simple que sea de su agrado.

Podeti [6] ha señalado que, de adoptarse la opción 2 aquí presentada, podría ampliarse la cantidad de sándwiches que se conocen como de miga. Así, de asumirse la existencia del triple tal como se lo conoce y designarse al simple actual como doble, se determinaría la existencia de un nuevo simple de miga, consistiendo éste en un canapé. Sin embargo, dicha aseveración se juzga incorrecta, puesto que un canapé suele llevar panes de menor tamaño, con lo cual adquiere una nueva identidad que hace imposible toda comparación válida. Incluso, de adoptarse el tamaño sándwich para el pan único de un canapé, éste resultaría tan grande para una boca de tamaño promedio que quien se dispusiera a ingerirlo no dudaría en doblarlo al medio sobre sí mismo, actitud conocida a veces como "hacerlo sanguchito", con lo cual el canapé dejaría de existir como tal.

Por último, se espera que sea apreciada nuestra voluntad de hacer uso y abuso de la palabra *sándwich*, de carácter fuerte, sonido armónico y reconocimiento global, descartando de plano la utilización de alguna de sus variantes, como la muy latinoamericana *emparedado* o la burda castellanización *sánguche*. Se incita al lector a continuar con la tarea de embellecimiento del idioma español dejando de lado cualquier purismo sin sentido.

Referencias

1. "La Vuelta al Mundo en 80 Sándwiches", http://www.chefargentino.com/historia/historia.cfm?historiaID=20

2. Juan, L. y Sala, F., "Detección de un análogo no clasificable del sándwich triple de tomate y queso", *Anales de Investigación Alimenticia* 211, 2003, pp. 758-762.

3. Juan, L. *et al.*, "Similitudes en la clasificación de variedades de sándwiches", *Avances Gastronómicos* 157, 2004, pp. 465-468.

4. Palopoli, L., "Nueva variedad de sándwich descubierta en panaderías rosarinas", *Avances Gastronómicos* 157, 2004, pp. 511-517.

5. Arana, I., "A new approach to the classification of sandwichs", *Journal of Food and Beverages* 259, 2003, pp. 824-831.

6. Podeti, H., "Broadening usual classifications", *Food Sciences* 78, 2004, pp. 215-219.

Hormona pildorina como regulador de las reacciones preingesta del Síndrome de Reacción Hostil Pastillofóbica Gatuna

PAULA BELUARDI*

Resumen

Analizamos la relación existente entre la hormona pildorina, encontrada en gatos, y las reacciones que éstos tienen hacia la ingesta inducida de pastillas, denominadas Síndrome de Reacción Hostil Pastillofóbica Gatuna. Trabajamos con cuatro grupos de animales distintos (gatos, niños, perros y demonios de Tasmania), que recibieron diferentes tratamientos con el fin de comprobar la verdadera existencia de una relación directa entre dicho síndrome y la pildorina. Luego de evaluar las respuestas, se verificó que los animales tratados con pildorina mostraban los signos preingesta del síndrome, mientras que los carentes de pildorina (incluso gatos) no presentaron estos signos. Los gatos fueron los únicos animales que presentaron signos postingesta.

Introducción

A partir de macerado de hipotálamo de gatos se verificó, en trabajos anteriores, la existencia de la hormona pildorina [1], cuya concentración en sangre es de 0,32 M. Esta hormona no fue encon-

* Paula Beluardi es licenciada en biotecnología y actualmente trabaja en Biología molecular y bioquímica de parásitos (*T. cruzi*) en el IIB-INTECH (Universidad Nacional de San Martín).

trada en otros mamíferos y tampoco tiene homología con ninguna hormona conocida. A partir del análisis de la ruta de síntesis de la pildorina se comprobó que con bajas dosis de dulce de leche se lograba la inhibición de la enzima pildorasa [2], que cataliza la producción de pildorina a partir del intermediario pildorinato.

Síndrome de Reacción Hostil Pastillofóbica Gatuna

Los gatos tienen la particularidad de responder frente a la toma de pastillas de una forma extraña. Reaccionan poniéndose en posición de ataque con las orejas hacia atrás, estirando sus patas traseras y delanteras de forma tal de crear una barrera, volteando la cabeza y cerrando con fuerza la boca, arañando y mordiendo a quien les está intentando dar la pastilla, huyendo y/o sacando las uñas para aferrarse a sillones, muebles y cortinas. También se reportó que escupen la pastilla y en algunos casos hacen creer a quien se la da que la tragan y luego de un rato la tiran, por lo general en algún lugar u objeto preciado por su amo. En el caso de que se logre la ingesta de la pastilla se describieron en el 99% de los gatos estudiados los siguientes signos de postingesta: agresividad y resentimiento, además de que luego de unos minutos reaccionan tirando al piso recipientes frágiles o con líquidos dentro. Todo este conjunto de comportamientos y reacciones se conoce como Síndrome de Reacción Hostil Pastillofóbica Gatuna (SRHPG) [3]. De todas formas se encontraron gatos que no presentaron el SRHPG y se vio que éstos tenían una deleción en el gen que codifica para pildorasa [4].

Creemos que como son los únicos animales en los que se vio el Síndrome de Reacción Hostil Pastillofóbica Gatuna, la pildorina, encontrada sólo en estos felinos, está involucrada en su regulación. El objetivo de este trabajo es determinar si esta hormona es efectivamente la responsable del SRHPG.

Materiales y métodos

Para la verificación de los supuestos se trabajó con cuatro especies animales: gatos, perros, humanos y demonios de Tasmania. Los perros fueron elegidos porque son animales que hacen todo lo que se les pide y no son capaces de distinguir entre un pedazo de carne con una pastilla dentro de otro que no la tiene, como así tampoco entre una pastilla y un caramelo. Los humanos seleccionados fueron de una edad promedio de tres años, no menores a un año de edad. Esta edad promedio es la adecuada porque se necesitaban niños que pudieran tragar voluntariamente pero que además no puedan negarse a tomar las pastillas por medio del habla, ya que es una característica muy común en esta especie (acentuada a partir de los tres años de edad), y también para evitar que cuestionen el porqué de tener que tomar pastillas. Como contrapartida se decidió trabajar con un cuarto grupo de características opuestas a las antes mencionadas, tomando entonces demonios de Tasmania, ya que son naturalmente muy agresivos.

Durante los tratamientos, todos los animales fueron mantenidos bajo las mismas condiciones en las que se encontraban: los gatos tratados fueron ubicados en un predio cerrado de 100 m^2 muy poblado de árboles, a los perros se los colocó en jaulas similares a las de la perrera de la que fueron seleccionados (Perros y perritos S.A.), los niños fueron instalados en un lujoso hogar con asistencia maternal (Chiquillos Locos S.R.L.) y los demonios de Tasmania fueron colocados en su hábitat natural.

Se usaron 35 gatos normales de razas varias en muy buen estado de salud para corroborar que el SRHPG se produce en todos los gatos sin distinción de raza. A estos 35 gatos normales se les inyectó luego 10 ml de dulce de leche Parmalat (lote 1114, vencimiento 24/01/5001) en concentraciones de 0,13 M, para así inhibir la pildorasa. 35 gatos *knock-out* para el gen que codifica para pildorasa (proporcionados por J. P. Miaus y colaboradores) fueron evaluados para verificar la falta del SRHPG y luego tratados con pildorina 0,32 M (Quimiogato S.A., lote 666).

Para corroborar que efectivamente es esta hormona la implicada en el SRHPG, se trabajó con las otras tres especies antes mencionadas. Por un lado se usaron tres grupos de niños, uno de 32,5 niños y dos de 33. En el primero sólo se evaluó la ausencia de los signos característicos del SRHPG, y al segundo y tercer grupo se les inyectó 50 y 100 ml de pildorina 0,35 M (Quimiogato S.A., lote 666) respectivamente para ver si presentaban o no el SRHPG. Por otro lado, se usaron tres grupos de 33 perros y tres grupos de 35 demonios de Tasmania tratados de igual forma que a los grupos de niños.

Toma de la pastilla

Evaluamos la respuesta a la toma en tres etapas [4]. En primera instancia se les ofrecía una pastilla hecha de harina compactada (Blancaflor, lote 134222, vencimiento 01/01/2025) para que la tragaran voluntariamente; en una segunda etapa un becario les abría la boca con una mano y con la otra introducía la pastilla; y en la tercera dos becarios vacunados contra la rabia y ayudados con un almohadón para inmovilizar al animal eran quienes debían lograr que las pastillas fueran ingeridas. Los tratamientos consistieron en evaluar en qué etapa de las antes mencionadas cada uno de los individuos de los grupos consumía la pastilla, si es que lo hacían.

Signos del SRHPG

Paralelo al estudio de las etapas de ingesta, se evaluó en cada uno de los individuos tratados si aparecían los signos y reacciones antes mencionados, con qué intensidad y en qué etapa se producían.

Resultados

Etapa de ingesta

Las etapas de ingesta obtenidas están resumidas para los gatos en el Gráfico 1, para los niños en el Gráfico 2, para los perros en el Gráfico 3 y para los demonios de Tasmania en el Gráfico 4.

A cinco de los gatos normales y a cinco gatos del grupo de *knock-out* tratados con pildorina no se les pudo dar la pastilla en ninguna de las etapas. Dos de los niños tratados con 50 ml de pildorina sufrieron de asfixia al intentar darles las pastillas. Inexplicablemente uno de los demonios del grupo tratado con 100 ml de pildorina habló y dijo que no quería tomar nada sin antes consultar los efectos colaterales con su médico de cabecera.

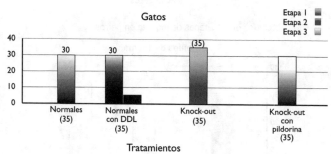

Gráfico 1
Resultados obtenidos de las etapas de ingesta en gatos.

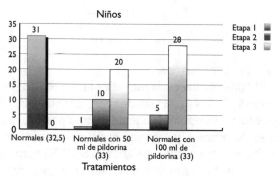

Gráfico 2
Resultados obtenidos de las etapas de ingesta en niños.

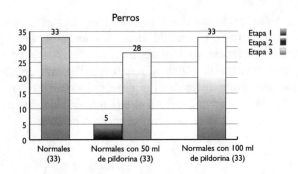

Gráfico 3
Resultados obtenidos de las etapas de ingesta en perros.

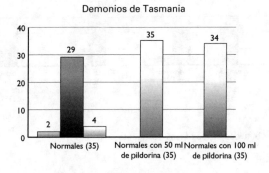

Gráfico 4
Resultados obtenidos de las etapas de ingesta en demonios de Tasmania.

REACCIÓN EN GATOS

El 100% de los gatos normales presentó SRHPG como ya se describió. De los gatos tratados con dulce de leche Parmalat tres presentaron signos, únicamente de tipo post ingesta, que se dieron en la primera y segunda etapa del tratamiento. Los gatos *knock-out* presentaron los signos de SRHPG pero sólo de postingesta. Y los gatos *knock-out* tratados con pildorina en un 100% tuvieron todos los signos, tanto de pre como de postingesta.

REACCIÓN EN NIÑOS

Los niños normales que ingirieron la pastilla en la primera etapa tuvieron expresiones faciales de disgusto, pero no cuentan para el fin del estudio. De los niños normales tratados con 50 ml de pildorina reaccionaron con signos de SRHPG treinta, diez en la segunda etapa de ingesta y veinte en la tercera. Se presentaron todos los signos pero con una intensidad moderada en el primer caso e intensa en el segundo. Los tratados con 100 ml de pildorina tuvieron todos los signos y de una forma muy similar a la de los gatos normales. Sin embargo, en ninguno de los tratamientos se observaron signos postingesta.

REACCIÓN EN PERROS

Ninguno de los perros normales reaccionó ante la presión para la ingesta de la pastilla. Todos los tratados con 50 y 100 ml de pildorina mostraron los signos de SRHPG pero no se vieron de postingesta.

REACCIÓN EN DEMONIOS DE TASMANIA

La mayoría de los demonios normales ingirió en la segunda etapa la pastilla, y a pesar de que mostraron los rasgos de agresividad habituales para su raza, en ninguno de ellos se vieron las reacciones antes mencionadas. Los tratados con 50 y 100 ml presentaron todos los signos con una violencia desenfrenada e inusitada que provocó la destrucción total de un televisor gigante e instalaciones del laboratorio, viéndose nuevamente ausencia de signos postingesta.

Discusión

En los distintos animales estudiados se vio claramente que la pildorina es responsable del control de SRHPG. Esto se fundamenta, por un lado, en el control que se hizo con gatos tratados con dulce de leche Parmalat (inhibidor de pildorasa), en los cuales efectivamente se produjo la inhibición de los signos. Por otro lado, en todos los animales que naturalmente no presentan estos signos (perros, niños y demonios de Tasmania), al ser tratados con pildorina en distintas dosis, se presentaron los signos del SRHPG más o menos marcados, según el caso. Sin embargo, en todos los grupos estudiados, se vio que, a pesar de manifestarse las reacciones preingesta, no se presentaron las reacciones postingesta. A partir de estos resultados suponemos que las reacciones postingesta no están reguladas por pildorina y que simplemente son reacciones sólo encontradas en gatos. Una prueba de ello es lo ocurrido con el grupo tratado con dulce de leche Parmalat, que a pesar de haber sido inhibidos todos los signos, los postingesta se presentaron de igual forma que en los gatos normales sin tratamiento.

El hecho de poder asegurar que el tratamiento con pildorina puede ser efectivamente un control para la reacción en gatos abre muchas puertas, especialmente en el área de la veterinaria especializada en animales domésticos. La mayoría de los veterinarios se enfrentan a diario con los problemas que este síndrome acarrea, consultados por pacientes preocupados por la salud de sus mascotas. Esto podría dar una solución tanto a veterinarios como a dueños de gatos que no desean que sus pertenencias (o sus propias vidas) peligren ante las reacciones de sus mascotas, ya que ahora es posible controlar por medio de la ingesta diaria de dulce de leche Parmalat las reacciones de preingesta del SRHPG.

Referencias

1. *Don gato y su pandilla*, "Nuevas hormonas encontradas en felinos de importancia ambiental", *Como perros y gatos,* 569, 1989, pp. 25-36.
2. Matute F., y Garras, L., "El dulce de leche Parmalat como inhibidor de pildorasa", *Science,* 751, 1992, pp. 37-50.
3. Einstein, P. y Tigre, A., "Síndrome de Reacción Hostil Pastillofóbica Gatuna", *Gatos en apuros,* 994, 1988, pp. 23-28.
4. Mc Bill, A. y Mulder, F., "El gen *opi* codifica para pildorasa, enzima regulatoria de la síntesis de pildorina", *Nature,* 187, 1991, pp. 893-895.
5. Gatunos, *et al.*, "Nuevo diseño de etapas para la ingesta de pastillas en gatos", *National Geographic,* 46, 1978, pp. 412-418.

Humorina: adicción en los ómnibus

GEORGINA COLÓ*
Laboratorio de Fisiología y Biología de la Asociación
Protectora de Fumadores

Resumen

El humo del cigarrillo puede ser comparado con el humo que despide el caño de escape de los ómnibus, provocando un comportamiento particular en los choferes.

Existen receptores *humolépticos humanos* (hRH), activados por una partícula presente en el humo denominada humorina, que proviene del pirolizado del tabaco y aceite del motor. Estas partículas se unen a los receptores situados en la mucosa del tracto respiratorio, y estimulan diferentes regiones del cuerpo a través de cascadas de señales y conexiones sinápticas. Éstas provocan la adicción de los choferes a la humorina, dando como resultado la llegada rápida a la parada del ómnibus cuando se enciende un cigarrillo. Se demostró que el tiempo de retraso (tR) es mayor para los no fumadores, y se creó un simulador de humo para dicho caso. De esta forma se reduce a menos de la mitad el tiempo de espera.

Introducción

Para estudiar la razón por la cual los ómnibus acuden pronto a la parada al encender un cigarrillo comenzamos por analizar el humo del cigarrillo y sus efectos en los choferes.

* Georgina Coló es licenciada en biotecnología y actualmente trabaja en el Instituto Lanari en biología molecular de apoptosis.

En estudios previos (Purple, 1972) se demostró la existencia de una molécula denominada humorina en el humo del caño de escape de los ómnibus, capaz de excitar receptores *humolépticos humanos* (hRH) situados en las cavidades mucosas del tracto respiratorio. Investigaciones realizadas sobre estos mismos receptores han comprobado que aquéllos generan un alto grado de adicción y los sujetos se vuelven muy sensibles a estos compuestos, percibiéndolos a gran distancia (Huma, 2000).

El cuerpo de las neuronas bipolares que conforman los receptores se encuentran en la mucosa olfativa. Las humorinas se unen a los receptores humolépticos, y esta unión incrementa los niveles de AMPc intracelular amplificando la señal y causando la despolarización de la membrana debido a un aumento en la permeabilidad de los cationes sodio y calcio (Floyd, 1975).

El potencial de acción es conducido al bulbo olfatorio y luego la señal es enviada al área olfatoria del cerebro (Carozo & Narizota, 2002).

El objetivo del presente trabajo es relacionar la acción de la humorina con el comportamiento de los choferes de ómnibus.

Materiales y métodos

El estudio fue realizado sobre 30 personas, 15 no fumadores y 15 fumadores. Se utilizaron las siguientes marcas de cigarrillos: Marlboro, Parliament, Philips Morris y Camel (proporcionado por Nobleza Piccardo, excepto Marlboro por Maxikiosco Carlitos).

Las personas no fumadoras utilizaron un spray Símil-humo (Colo & Wiber, 2001). Rociándolo en la parada durante 5 segundos se logra simular una situación con fumadores en la que se puede medir el tiempo de retraso (tR).

Las líneas de ómnibus estudiadas fueron 98, 22, 324 y 134.

Se estudiaron 10 choferes de las respectivas empresas, a distintos turnos, 6 fumadores y 4 no fumadores. Las paradas elegidas para el estudio fueron Constitución, Retiro, Caballito y el recorrido dentro de Quilmes y Bernal.

Los datos fueron recolectados durante seis meses entre marzo y agosto de 2002, a distintos horarios y con variaciones climáticas.

Como control, se estudió también el comportamiento de conductores de remises y taxis.

Se consideró como tiempo inicial el momento en que el pasajero enciende el cigarrillo en la parada, en caso de fumadores, o el momento en que se acciona el spray de Símil-humo. En el caso de no fumadores, el tiempo inicial se toma cuando llegan a la parada. El tiempo final fue considerado cuando el ómnibus frena en la parada y abre la puerta.

$$T_{final} - T_{inicial} = T_{retraso} \ (tR)$$
$$T_{final} - T_{encendido} = T_{activación}$$
$$T_{encendido} - T_{inicial} = T_{de \ espera}$$

Se definió tiempo de activación como el que tarda la partícula de humorina en activar los hRH. Generalmente este tiempo es corto e incide directamente en la velocidad de reacción del chofer.

Se realizaron mediciones a distintas horas del día para tomar el tR y el comportamiento del chofer. Se midió el tR a las 3, 9, 12, 16, 20 y 24 horas.

Extracción de humorina. Se tomaron 2 g de tabaco en un tubo de ensayo, se calentó sobre el mechero y el humo desprendido se depositó sobre una pastilla de ClNa. Lo mismo se hizo con el aceite de motor y el humo de las parrillas, se compararon los espectros obtenidos por Espectroscopia de Infrarrojo por Transformada de Fourier (FTIR). Luego se extrajo la partícula de cada muestra con HCl e isopropanol y se analizó la fase orgánica.

Variaciones climáticas. Las mediciones se tomaron a la misma hora del día y en distintas condiciones climáticas. Los días de viento en contra a la dirección del ómnibus se utilizó Símil-humo y humo proveniente de cigarrillo, para comparar los efectos.

Medición de los receptores humolépticos. Se colocó un electrodo en la superficie de la membrana olfatoria y se registró el potencial eléctrico. Cuando se inspiró humorina el potencial se hizo negativo en el orificio nasal, y permaneció negativo mientras persistía la partícula humorina en el aire. Esto se midió mediante un electroolfatograma. La amplitud del electroolfatograma como la intensidad de los impulsos nerviosos olfatorios son aproximadamente proporcionales al logaritmo de la intensidad del estímulo; los receptores olfatorios tienden a seguir leyes de transducción similares a las observadas en otros receptores sensoriales.

Resultados

Los extractos del humo del cigarrillo demostraron la existencia de humorina. Superponiendo el espectro de FTIR con el de la molécula de humorina del humo del caño de escape del ómnibus, resultaron iguales (datos no mostrados). También se realizaron extracciones del humo de parrillas y se encontró la presencia de la misma molécula.

Comparando ausencia y presencia de humorina en la parada, se observa que el tR es tres veces mayor en su ausencia (Fig. 1).

Los choferes de taxis y remises no manifestaron el mismo fenómeno que los del transporte público, dando resultados idénticos en presencia y ausencia de humorina.

Los choferes de ómnibus poseen mucho más receptores humolépticos comparados con otros conductores de distintos vehículos o peatones (Jardín Nº 40, 1980). La exposición prolongada al humo disminuye la sensibilidad a las humorinas, produciendo adaptaciones que otros conductores no poseen.

Se observó que los ómnibus viajan de dos o más juntos y en Costanera Sur 1 de cada 10 choferes se detiene a comer un choripán, vacipán, morcipán o cualquier combinación posible entre el pan y elementos de la parrilla argentina.

Los días de lluvia, viento en contra y frío el tR es mayor comparado con un día soleado sin viento. En cambio los días de viento a favor el tR es menor a 3 minutos de espera (Figura 2).

Entre las 20 y las 7 horas los hRH se encuentran menos activados que durante el resto del día. El mayor porcentaje de hRH activados se registra entre las 9 y las 10 horas (Figura 3).

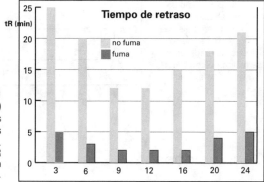

Figura 1
Tiempo de retraso (tR)
entre fumadores
y no fumadores
a distintas horas del día.
Se observa que el tR
es mucho mayor en
ausencia de humorina.

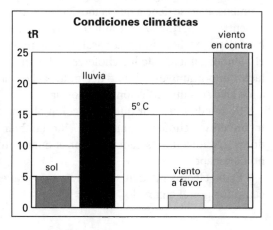

Figura 2
Papel del clima en el
tR (mínimo).
Las mediciones
se tomaron al mediodía
y las barras representan
las variaciones
climáticas
más frecuentes en
Buenos Aires.
Todos los resultados
fueron
significativamente
diferentes p<0,0001.

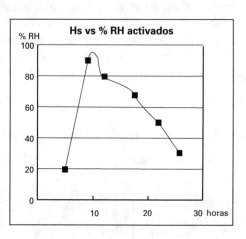

Figura 3
A distinta hora del día
se registraron
por medio del
electroolfatograma el
porcentaje de
hRH activados
Todas las mediciones
se realizaron con clima
favorable.

Conclusiones

El humo del cigarrillo influye en el tiempo de retraso de los ómnibus. Esto se debe a que la molécula humorina, que se encuentra entre las partículas del humo, activa los receptores olfatorios humolépticos de la mucosa nasal, lo que influye directamente en el comportamiento de los choferes y el manejo del ómnibus. Un factor importante es el humo del motor del ómnibus, que provoca a los choferes una adicción a humorina.

Se puede observar que la adicción al humo no incide solamente en los choferes fumadores, sino también en los no fumadores. La adicción es generada por el humo proveniente del caño de escape.

Estos efectos pueden ser todavía más graves que los efectos causados por el cigarrillo.

Por otro lado, los choferes también sienten atracción por el humo de otros ómnibus de su misma empresa; así, se puede comprobar que los ómnibus viajan de a dos o más juntos, uno detrás de otro a una distancia relativamente corta; de esta manera no se interrumpe la señal de las partículas de humo despedida por el ómnibus que va adelante. También los choferes sienten fuerte atracción por el humo de las parrillas.

Los receptores olfativos están relacionados con una señal inhibitoria de la contracción muscular de la pierna izquierda, que impide que el chofer pueda presionar el freno y por lo tanto siga acelerando. Cuando la señal es suficientemente fuerte, o sea, cuando se encuentra en altas concentraciones en el aire, la señal inhibitoria deja de actuar y se produce un *feedback* negativo haciendo que el chofer presione fuertemente el freno para poder parar donde hay un pasajero fumando.

Entre las variaciones climáticas podemos citar los días de lluvia en que el ómnibus tarda más de lo normal, debido a que el cigarrillo se apaga rápidamente e impide que llegue el humo a los receptores humolépticos del chofer.

Los días de viento en contra a la dirección que deseamos viajar, observamos que al encender un cigarrillo los ómnibus comienzan a pasar en la dirección contraria a la del pasajero, debido a que el humo cambia de dirección.

Los días de invierno, con temperaturas bajo cero, el ómnibus no llega, aun cuando se prende un cigarrillo [Luque, 1950]. Esto se debe a que el ómnibus va con las ventanillas cerradas o el chofer está tan resfriado que los receptores no captan la señal.

La hora del día en que se toma el ómnibus también influye en el tR, ya que el chofer no siempre está despierto y tiene activos el 100% de sus receptores. A la noche la actividad de los hRH decae rápidamente. La fatiga del chofer influye en la sensibilidad de los hRH hacia las humorinas y la señal se ve debilitada.

Finalmente, podemos inferir que si deseamos reducir el tiempo de espera, hay que usar Símil-humo para no tirar más cigarrillos.

Bibliografía

Carozo & Narizota, "Tararatan", *Crónica*, 96504, 2002, pp. 9-10.

Coló and Wiber, "Símil-humo", *Smoke*, 87, 2001, pp. 13-15.

Deep Purple, "Smoke on the water", *Machine head*, lado 2, 1, 1972.

Huma, *Todo sobre mi madre*, 2000.

Jardín Nº 40, "Chofer, chofer apague ese motor...", *Sala Azul*, 1980, pp. 4-5.

Ley Nº 23.344, *El fumar es perjudicial para la salud*, Atado 10, 20, 1920.

Luque, Virginia, *Fumando espero* (Tango), 10, 20-22, 1950.

Pink Floyd, "Have a cigar", *Wish you were here*, 64, 35-36, 1975.

Rostand, E., *Cyrano de Bergerac* (Tragicomedia), 00, 666, 1897.

La feromona out-odoro y la expresión de la proteína *mearumfueradutarrum* son necesarias para la pérdida del control direccional del output de orina

LUCIANA FUENTES* Y NATALIA MARTÍNEZ**

Instituto Nacional de Sexología Equina

Resumen

La pérdida del control direccional de orina ha sido objeto de observaciones antiquísimas desde comienzos de la civilización humana. Incontables estudios han concentrado sus esfuerzos en localizar los factores implicados en dicho fenómeno. La estimulación experimental ha revelado que la feromona out-odoro y la proteína codificada por el gen mearumfueradutarrum, localizado en el cromosoma Y, deben estar presentes en el momento de la excreción. Los resultados sugieren que ambos factores son necesarios para el descontrol en el output de orina.

Introducción

Numerosos estudios previos han tratado de explicar el fenóme-

* Luciana Fuentes es licenciada en biotecnología. Se desempeña como docente en Trelew e impulsa proyectos de investigación y aplicaciones biotecnológicas en la escuela media.

** Natalia Martínez es licenciada en biotecnología y es estudiante de doctorado en ciencias biomédicas en la Universidad de Massachusetts.

no observado originalmente por los árabes, desde los comienzos de la civilización humana, cuando sus políticos (Menem *et al.*) y guerreros antes de enfrentar una batalla excretaban la orina fuera del tarro. Estos estudios han postulado que dos factores juegan un papel preponderante en la pérdida del control direccional del output de orina en hombres caucásicos de sexo masculino. Gracias al gran esfuerzo que han puesto las amas de casa científicas en descifrar el enigma antiquísimo de por qué sus esposos (Fassi & Lavalle), cónyuges (Casán *et al.*), hijos varones, padres, hermanos, soderos (Ivess *et al.*) y otros amantes (Sandro *et al.*) orinan la tabla del inodoro, se ha logrado detectar que estos dos factores son: la presencia de feromonas femeninas en los alrededores del recinto excretorio y la expresión de una proteína del plasma, recientemente nombrada mearumfueradutarum (Clinton *et al.*), en el individuo excretor.

Es ahora conocido que la feromona en cuestión es la out-odoro (Golombek *et al*), secretada por hembras solteras o en apareamiento reciente, a una velocidad notoriamente elevada con respecto a otras hormonas.

El objetivo de nuestro trabajo es demostrar experimentalmente que la presencia de la feromona out-odoro y la expresión del gen de la mearumfueradutarrum son ambas necesarias para la falta de control direccional en el output de orina.

Materiales y métodos

ESTIMULACIÓN EXPERIMENTAL

Un total de $1,53 \times 10^3$ individuos de sexo masculino, argentinos nativos o por opción, desnudos y rociados con etanol 70%, de edades que varían entre los 10 y 70 años, en perfecto estado de salud, fueron estimulados a orinar con 1 litro de querosene $1,3 \times 10^{-8}$ M en una serie de recintos experimentales previamente desinfectados y desodorizados en atmósfera de metano.

RECINTO EXPERIMENTAL

Tres baños de 1 m² que contenían un inodoro y un lavatorio de tamaño y color estándar fueron construidos en nuestra institución. El recinto (A) fue rociado con una cantidad equivalente de 7/8 de taza de una solución al 10% de la feromona out-odoro (gentilmente cedida por Mazzocco & Co.), el recinto (B) fue rociado con un volumen igual de sudor de papagayo hembra en celo (ZooSigma Inc.) como control negativo y el recinto (C) contenía un inodoro sin tabla y fue tratado como (A).

REGISTRO FOTOGRÁFICO Y ANÁLISIS DE ORINA

Luego de cada excreción se tomaron registros fotográficos (Kodak Express) del estado del inodoro. Dichos datos fueron procesados mediante el soft estadístico pdm, como se describe en Nonzioli y Aljinovic (1998), y como se describió previamente (Metrovías *et al.*). El volumen de orina perdido durante la estimulación fue calculado y graficado mediante un análisis de Fourier normalizando los resultados arrojados por el pdm según la cantidad de líquido tomado el mes anterior y el tamaño de la vejiga del individuo testeado. Para confirmar que la sustancia líquida derramada sobre las tablas de los inodoros se trataba fehacientemente de orina, se tomó una muestra de aproximadamente 0,5 ml que fue analizada por los expertos catadores del Instituto Nacional de Radiología y Pintura de la URSS.

EXPRESIÓN DE MEARUMFUERADUTARRUM

A cada individuo se le tomaron muestras de sangre (3 litros) para evaluar la expresión de dicho gen antes y después de la estimulación. El suero obtenido por coagulación de la sangre fue sometido a un ensayo de ELISA con anticuerpos monoclonales hechos en cangrejos (Glikmann *et al.*) y el título de proteína fue graficado en función del número de pelos púbicos de cada individuo.

Resultados

La estimulación experimental ha demostrado contundentemente que el 99,9% (27) de los individuos testeados (sin dependencia de la edad), en presencia de la feromona out-odoro, dieron positivos para el desajuste en el control del output de orina, como se juzga por los registros fotográficos y el análisis catadorístico de expertos, como se ejemplifica en la Tabla 1 y Figura 1 para los individuos 3 y 567. El resto de los individuos testeados mostraron un patrón de comportamiento similar frente a las mismas condiciones experimentales (datos no mostrados).

Es interesante destacar el elevado volumen de desviación en individuos mayores a 60 años (Figura 2) que no llevaban consigo el papagayo.

No se observó ningún fenómeno de desviación del control del output de orina en los individuos que se sometieron a la estimulación experimental en el recinto B (Figura 1). Sin embargo, extraños resultados fueron observados en torno al recinto experimental C. Los hombres testeados no pudieron ser evaluados por padecer de *tremendum delirium* espontáneo al observar la ausencia de tabla. Los mismos fueron derivados al Instituto Psiquiátrico Abierto (Figura 3).

El nivel de expresión de la proteína mearumfueradutarrum se mantuvo constante a juzgar por los resultados obtenidos por ELISA (Figura 4).

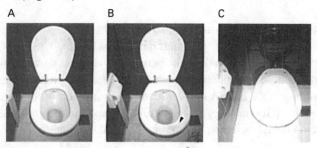

Figura 1
Registros fotográficos de la estimulación experimental correspondiente al individuo 567. (A) Recinto rociado con sudor de papagayo hembra en celo; (B) recinto rociado con la feromona out-odoro, la flecha indica el fenómeno de pérdida de control direccional del output de orina; y (C) recinto con inodoro sin tabla y tratado como en (A).

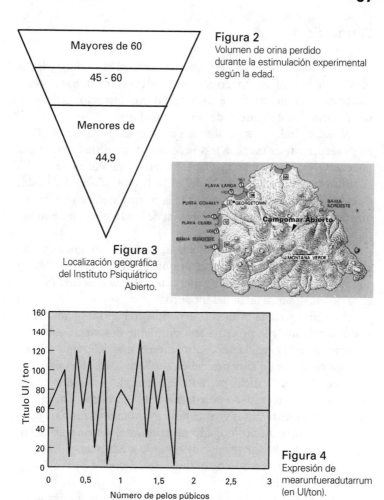

Figura 2
Volumen de orina perdido
durante la estimulación experimental
según la edad.

Mayores de 60

45 - 60

Menores de

44,9

Figura 3
Localización geográfica
del Instituto Psiquiátrico
Abierto.

Figura 4
Expresión de
mearunfueradutarrum
(en UI/ton).

Título UI / ton

Número de pelos púbicos

Individuo	Edad	Registro fotográfico	Análisis de orina
3	69 y monedas	Tabla completamente orinada	Ácida
567	28 solterito y sin apuro	Tabla salpicada	Rica

Tabla 1
Datos registrados en un A17v para dos de los individuos en estudio.

Discusión

Los resultados corroboran que la feromona out-odoro y la expresión de la proteína mearumfueradutarrum son ambas necesarias para el fenómeno de pérdida del control direccional del output de orina en individuos de sexo masculino.

Nuestros hallazgos desalientan a las amas de casa científicas en su recurrente esfuerzo, a través de la historia de la humanidad, de revertir este fenómeno mediante técnicas terapéuticas sociopsicomotrices tempranas. Esto es debido a la imposibilidad de éstas de evitar la secreción feromonil ante la proximidad de su hombre, que tampoco puede evitar la expresión de la proteína mearumfueradutarrum.

A partir del presente estudio, la elección de hombres que no controlan su output de orina estará positivamente seleccionada con respecto a la elección de generar un *tremendum delirium* en ellos por sustraer la tabla del inodoro.

A pesar de que la evidencia experimental apoya la noción de que la feromona y la proteína anteriormente descriptas están involucradas en la pérdida del control direccional del output de orina, experimentos adicionales deben ser llevados a cabo para determinar el nivel de dicha pérdida. Por ejemplo, sería interesante detenerse en el acentuado descontrol del flujo orínico en individuos mayores de 60 años y vincularlo a fenómenos propios de la edad, es decir, a un prolongado deterioro del sistema urinario-prostático-reproductor (Neustadt *et al.*), a síndromes pulsáticos-temblóricos y a un consumo continuo de 2,3 coca-1,2 hero-5-ínas (Charlys & Garcías).

Por otra parte, se ha encontrado que esta proteína presenta un 90% de homología con una proteína canina, *marcadumterritorium*, de la raza San Bernardo (Santillán *et al.*). Esto conduce a una nueva línea de investigación que podría adjudicarle una implicancia, hasta ahora desconocida, al fenómeno de pérdida del control direccional del output de orina.

Bibliografía

Casán, M. y Pradón, A., "¿Los hombres son un mal necesario?", *Farandulero*, 90, 1990, pp. 60-90.

Charlys, P. & Garcías, E., "Un saque de 2,3 coca-l,2 hero-5 inas te lleva a tirarte del 9° piso", *Biopsiquis Arlístit*, 42, 2000, pp. 230-235.

Clinton, B. y Álvarez, Ch., "La proteína plasmática de nuestros tiempos", *Política y Negocios CientijZiYJs*, 55, 2000, pp. 34-340.

Fassi, L. & Lavalle, O., "Veinte años de sociedad a pesar del output descontrolado de orina", *Revista UtiliJima*, 15, 1997, pp. 21-22.

Glikmann, G. y Arguelles, M., "Método de detección de la proteína mearumfueradutarrum", *Inmunología Clínica Veterinaria*, 65, 1999, pp. 8-24.

Golombek, D. y Ortega, G., "Cinética de secreción de la feromona outodoro", *Endocrinología Newtoniana*, 35, pp. 20-20.5, 100 a.e.

Ivess, S. *et al.*, "No todos los soderos son fértiles", *Shhhhhhhh*. 1, 1898, pp. 2-chirolas.

Menem, e. S. y Bolocco, e., "El Amor y el Corán", *Biología Islámica*, 666, 2000, pp. 6-66.

Metrovías, T. & Curro, A., "Novedoso análisis matemático aplicado al precio del transporte", *Privatizaciones Anónimas*, 95, 1998, pp. 2000-2020.

Neustadt, B. y Grondona, M., "Exhibicionismo en el Caribe y sus consecuencias", *Acta Tiempo Nuevo*, 89, 1989, pp. 10-467.

Nonzioli, A. y Aljinovic, E., "Diseño experimental aplicado a un flujo direccional", *Estadística Imposible*, 3, 1998, pp. 2-6.

Sandro, R. S. y Ortega, P., "Cómo cantamos el Kamasutra los Argentinos", *Amantes Ardientes de fin de siglo*, 50, 1976, pp. 66-76.

Santillán, P. & Salgado, L., "Todo lo que siempre quiso saber de Marcadumterritorium y nadie se atrevió a contar", *Hablemos claro*, 80, 2000, p. 3560.

Los gustos musicales de las plantas afectan su normal desarrollo

VIRGINIA GONZÁLEZ* Y DOLORES VALDEMOROS**
Departamento de Ciencia y Tecnología,
Universidad Nacional de Quilmes, Argentina

Resumen

"Hay más en los bosques que en los libros."
(San Bernardo, citado en Ferreira, 1980).

Introducción

Las plantas, o mejor dicho, los vegetales cubren la mayor parte de la superficie terrestre, e incluso existen en el agua hasta determinadas profundidades. Se las encuentra en todas sus formas, desde las más elementales hasta las más evolucionadas dentro del reino vegetal.

Las plantas suministran directa o indirectamente casi la totalidad de los alimentos del hombre y los animales. La planta es un elemento vital para la continuidad de la vida sobre el planeta y una fuente de prosperidad económica para casi cualquier país (Mateo Box, 1993).

El propio Darwin dijo que siempre le resultaba agradable ala-

* Virginia González (Vicky) es licenciada en biotecnología y actualmente es socio gerente de Genes Digitales. Su mejor producto biotecnológico es su hijo, Máximo Bassi.

** Dolores Valdemoros es licenciada en biotecnología, ha investigado la relación hongo-bacteria. Actualmente trabaja en la Comisión Nacional de Evaluación y Acreditación Universitaria (CONEAU), donde se desempeña como asistente técnica en el área de Acreditación de Grado.

bar las grandezas del reino vegetal. Es lo que hizo en sus seis libros de botánica, en parte revelando las increíbles posibilidades y facultades de las plantas, como la digestión de alimentos animales y su notable capacidad de movimiento, pero sobre todo describiendo las asombrosas adaptaciones de que hacen gala (Huxley, 1984).

Dentro de estas adaptaciones a lo largo de la evolución ha adquirido especial relevancia el estudio de los gustos musicales de los integrantes del reino Plantae.

Las técnicas tradicionales de crecimiento de las plantas cultivadas, así como de los animales domésticos, han dejado de ser simplemente empíricas, alcanzando un nuevo rigor científico (Gros, 1993). Los métodos basados en el crecimiento de las plantas, en medios aislados, durante meses, con la finalidad de conocer sus afinidades musicales fueron esbozados por nuestro grupo en publicaciones anteriores (Srta. Marisa *et al.*, 1980; Srta. Marina *et al.*, 1982).

Nosotros intentamos probar que las plantas se ven afectadas por sus diferentes preferencias musicales de acuerdo con su origen evolutivo y que existe una posible relación en la adquisición de múltiples gustos musicales de acuerdo con las simbiosis establecidas con diferentes variedades de una especie bacteriana a lo largo de la evolución.

Por otra parte, la comprobación de nuestras hipótesis llevaron a encontrar utilidades biotecnológicas.

Materiales y métodos

Silencio total

Las semillas de todas las especies (rabo de zorro, monedita, dólar, rayito de sol, garra de león, ficus, abeto, pino, cedro, alerce, muérdago, maple, ciruelo rojo enano, nomeolvides, petunia, lazo de amor, potus, cactus, *Syngonium sp* y crisantemo) se colocan en condiciones de aislamiento total sonoro (ATS) durante una semana para evitar influencias de cualquier tipo de sonido del medio externo.

UNA SEMILLA, UNA MELODÍA

Luego del ATS se germinan las semillas en cajas de Petri con el sonido de diferentes temas musicales (Napster Inc.; Musimundo S.A.) repetidos durante ambas fases del fotoperíodo a la temperatura óptima para cada planta. Controles para cada especie son crecidos en ATS, respetando fotoperíodo y temperatura óptima.

Se midieron cuatro parámetros: largo y grosor de tallos, largo de raíz principal y/o adventicias principales y área foliar. A los 15 días posgerminación se pasan a sobres de cultivo respetando las condiciones antes mencionadas.

Las plantas se mantienen en cultivo durante tres meses y se realizan las mediciones semanalmente. Sobre la base de estos parámetros se construyó un índice de crecimiento estándar.

¿QUÉ MÚSICA TE GUSTA?

Para comprobar las preferencias musicales los sobres de cultivo se pasan de un estilo de música a otro, teniendo en cuenta las relaciones filogenéticas establecidas en *El domador de médanos* (Sierra, 1969). También se analiza el comportamiento de la planta al retornar el cultivo a la música a la que estaba sometida la planta durante su germinación.

LUISINIA WALLESTRIS, LA BACTERIA SIMBIÓTICA MUSICAL

Para aislar las bacterias se utiliza el protocolo de aislamiento tradicional (Lechavalier, 1990). Se crecen en medio MTV, en ATS o con diferentes temas musicales, se mide el crecimiento cada hora y se realizan varios repiques antes de inocular las plantas.

Para estudiar la inefectividad y efectividad de los aislamientos de *Luisinia wallestris* se inocularon las plantas antes mencionadas (Valdés and Wall, 2000), con las cepas aisladas en el medio MTV. Las inoculaciones se hicieron con una cepa, con dos y con todos los aislamientos juntos. Los nódulos musicales obtenidos a partir de esta experiencia se analizan en cortes histológicos (Figura 1).

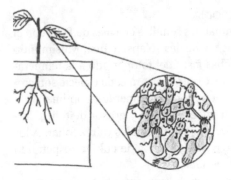

Figura 1
Corte histológico
de módulo musical

Resultados, discusión y otras cuestiones musicales

PLANTAS

Se observó que las plantas anuales presentan una marcada predilección por los hits del momento. El tema "El Salmón" presentó los índices de crecimiento más alto, con turgencia y rigidez máxima (Figura 2).

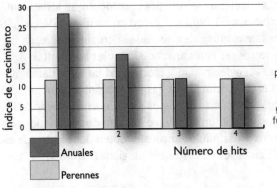

Figura 2
Índice de
crecimiento de las
plantas de acuerdo
con la música
escuchada. Se
grafica el índice en
función del número
de hits
del momento
(de 1 a 4) para
plantas anuales y
perennes.

Por su parte, plantas perennes como los pinos, el muérdago y los abetos reaccionaron desfavorablemente retrotrayendo su crecimiento al ser sometidos a las canciones navideñas interpretadas por Chiquititas. Las rosas amarillas demostraron un comportamiento similar al de los pinos al ser sometidas a cualquier tipo de música televisiva. Sin embargo, el comportamiento de los pinos y las rosas fue revertido al ser crecidos en otra música: por ejemplo, las plantas perennes crecen mejor si durante su primer año son expuestas a canciones infantiles.

En los análisis de la reacción de las plantas ante los diferentes ritmos musicales no se evaluó el habla de las personas ya que estarían involucrados otros factores como el tono de voz, humor de la persona al dirigirse al vegetal (*Las plantas que hablan*, 2000) y la simpatía innata del vegetal hacia el amo.

BACTERIA SIMBIONTE MUSICAL

Los aislamientos bacterianos crecieron a un ritmo de 15 placas/hora en el medio MTV con música, mientras que no pudieron crecer en ATS (datos no mostrados). Las bacterias crecidas con otras variedades de la especie presentan un desarrollo superior, con diferencias de hasta un 59 por ciento.

INOCULACIÓN DE LUISINIA SP

La inoculación con una sola cepa de *Luisinia wallestris* no produjo aumento y/o mejoramiento en el crecimiento de las plantas y no indujo a la aceptación de nuevos ritmos musicales. Con la inoculación de dos aislamientos por vez el crecimiento de las plantas aumenta levemente, y tienden a aceptar un nuevo ritmo musical. Finalmente, con la inoculación de todos los aislamientos juntos el crecimiento aumenta notablemente observando una amplia variedad de ritmos musicales. Por ejemplo, los pinos no retrotraen su crecimiento ante las canciones navideñas.

Cabe agregar que también se ha encontrado que ciertas variedades de plantas aceptan desde su nacimiento una gran cantidad de ritmos musicales y esto se debería a que presentan asociaciones con *Luisinia wallestris* desde muy temprana edad. El nódulo musical es una estructura que se encuentra esparcida en toda la superficie vegetal, a diferencia de los hasta hoy conocidos nódulos radiculares. Al intentar inocularlas en plantas se observó que funcionan como un grupo, demostrado por el comportamiento que observamos en la inoculación con todos los aislamientos mientras que no hay ningún cambio cuando se las inocula individualmente. Esto puede deberse a que no les gusta estar solas. Esto confirmaría la hipótesis de que durante la evolución aprendieron a respetarse mutuamente y a necesitar una de la otra, además de a las plantas, para crecer utilizando los vegetales como punto de reunión (Coli, 1492).

Darwin lo dijo: "Si tuviera que vivir de nuevo mi vida, me impondría la obligación de escuchar algo de música por lo menos una vez por semana. La pérdida de esta afición supone una merma de felicidad y puede ser perjudicial para el intelecto, y más probablemente para el carácter moral, pues debilita el lado emotivo de nuestra naturaleza" (Darwin, 1984). Claro que el asunto no es tan fácil como parece, y se quiere conseguir que los vegetales inoculados se conviertan en plantas hechas y derechas, capaces de tener descendencia normalmente y de sobrevivir en el medio ambiente (Folgarait, 1992) con la música de hoy y de siempre.

Utilidades biotecnológicas

Dentro de los beneficios de la técnica cabe citar el posible mejoramiento de las transformaciones genéticas propinándoles un ambiente adecuado. Asimismo, resulta fundamental la obtención de plantas que acepten diversos ritmos musicales. Como eventual fitoterapia deseamos proponer la producción de anticuerpos musicales. Finalmente, la tecnología aquí mencionada sin duda redundará en un mejoramiento de las condiciones de reproducción.

Agradecimientos

A Plantas Faitful, al Palo Borracho *(Chorisia speciosa)* de la plaza de Bernal por su incansable sombra y a todas las plantas que gentilmente cedieron sus semillas.

Bibliografía

Darwin, C., *Autobiografía de Darwin*, Alianza Cien, 1993.

Coli, E., *Lugares de reunión para bacterias solas y solos*, Citas Bacteriológicas, 1492.

Ferreira, A., *En defensa de la vida*, Albatros, 1980.

Folgarait, A., *Manipulaciones genéticas-quimeras y negocios de laboratorio*, Norma, 1992.

Gros, F., *La ingeniería de la vida*, Acento, 1993.

Huxley, Sir J. *et al.*, *Darwin*, Salvat, 1984.

Lechavalier, M. P. y H. A., *Systematics, isolation, and culture of* Frankia, Schwintzer, New Jersey, 1990.

Mateo Box, J. M., *Biotecnología, agricultura y alimentación*, Mundi-Prensa, 1993.

Sierra, D., *El domador de médanos*, S.E.L.A., 1969.

Srta. Marisa *et al.*, *Mamá naturaleza*, Sala verde, Pinamar, 1980.

Srta. Marina *et al.*, *Las Plantitas*, Sala Rosa, Bahía Blanca, 1982.

Valdés La Hens, D. y Wall, L., *Aislamiento, cultivo e infectividad de cepas* Frankia *nativas obtenidas a partir de nódulos radiculares de* Alnus acuminata (en prensa).

Una nueva proteína sería la responsable del síndrome de somnolencia mateiforme

Axel Hollman*

Instituto Argentino de Mate y Anexos,
Depto. de Investigaciones Bioquímicas, Argentina

Resumen

El mate, popular hábito del cono sur, está directamente relacionado con la crisis económica argentina: como muestran varios trabajos, la ingesta de grandes cantidades de mate es inversamente proporcional a las ganas de realizar una labor y /o generar proyectos productivos. Hemos demostrado en este trabajo que la responsable es una proteína de un peso de 83 daltons, presente en grandes cantidades en las hojas de la planta de yerba mate. Esta proteína sería un análogo de las endorfinas liberadas por el cuerpo humano, y provocaría una cascada de señales que producen en el individuo una sensación de éxtasis semejante a la producida por las endorfinas, lo que conduce a un estado de mansedumbre y ocio. Este efecto, llevado a la población general, provocaría en el segmento productivo del país (18 a 45 años) un descenso abrupto de rendimiento, lo que desencadena a largo plazo un *default* económico.

* Axel Hollman es licenciado en biotecnología y actualmente realiza su trabajo doctoral en el desarrollo de liposomas estabilizados con proteínas de capa S de lactobacilos en el Laboratorio de Microbiología Molecular de la Universidad Nacional de Quilmes.

Introducción

El mate, entendido como la técnica de tomar agua a aproximadamente 92 °C que previamente pasa a través hojas de *Ilex paraguariensis* (yerba mate) secadas, ligeramente tostadas, rotas o pulverizadas, es un hábito muy popular en la República Argentina, país situado en el extremo sur del continente americano.

Como ya se ha descrito en otros estudios, este hábito culinario está relacionado de manera directamente proporcional a su Índice de estabilidad jurídico-económica (Riesgo País), e inversamente proporcional a su Producto Bruto Interno (PBI) (Rosamonte *et al.*, 1970). También está descrito que dosis elevadas de mate (mayores a un litro de H_2O/día) disminuyen notablemente el rendimiento del individuo que lo ingiere, mostrando síntomas de somnolencia y apaciguamiento (Taragüí *et al.*, 1992). En este trabajo demostramos la presencia de una proteína de 83 daltons presente en grandes cantidades en la planta de yerba mate y resistente a temperaturas superiores a 100 °C, que posee una estructura similar a la endorfina pudiendo incluso unirse a sus receptores. También demostramos que esta proteína es la responsable del efecto ya descrito de somnolencia mateiforme, que desencadena en el individuo una somnolencia y mansedumbre provocando la necesidad imperiosa de dormir o al menos descansar (Cruz de Malta *et al.*, 1995).

Materiales y métodos

1. Obtención de triturado de yerba mate: El triturado de yerba mate se obtuvo de una fusión de las cuatro marcas comerciales de yerba más vendidas en la Argentina.
2. Ensayo *in vivo* de la respuesta de somnolencia mateiforme: se sometió a 40 individuos sanos de entre 15 y 35 años a tomar 4 litros de mate, y luego se observaron los resultados, usando como control negativo yerba de plástico y como control po-

Figura 1
Imagen de una planta
Ilex paraguariensis
(yerba mate), a los tres meses de ser
sermbrada.

sitivo agua con sedantes. Todos los individuos se encontraban en ayuno durante las 24 horas previas a la experiencia y en abstinencia de mate desde hacía más de 90 horas.

3. Análisis del triturado de yerba mate: Se realizó un triturado de 20 g de fusión de yerba mate con mortero, diluido con 10 ml de etanol a 70% hasta obtener una pasta homogénea, que fue filtrada con el fin de retener los residuos sólidos presentes. Al líquido obtenido se lo diluyó 30 veces en Etanol 70% y se lo corrió en un gel de electroforesis bidimensional durante 4 horas, según las especificaciones del producto.

4. Electroforesis Bidimensional del Agua del mate: Se hizo pasar un litro de H_2O mineral a 92 °C por un extracto de yerba mate tomando cada intervalo de 250 cc 5 ml de muestra. A estas muestras luego se las analizó mediante electroforesis bidimensional usando el mismo tipo de gel y especificaciones que para el ensayo anterior.

5. Aislamiento de la proteína de peso molecular de 83 daltons: Del gel de electroforesis del agua de yerba mate se purificó la banda correspondiente a la nueva proteína.

6. Caracterización de la proteína: Luego de obtener la proteína purificada se realizó una cristalización con rayos X y una espectrofotometría, comparándola con la endorfina humana.

7. Ensayo *in vivo* de la función de somnolencia de la proteína de 83 daltons: Se incorporó al alimento de 30 ratones grandes cantidades de esta proteína, también se incluyó un control negativo (sin proteína) y uno positivo (adicionando sedante pediátrico en lugar de la proteína de 83 daltons). El monitoreo se realizó mediante registro de actividad neuronal y mediante observación visual.

Resultados

Ensayos *in vivo* del efecto de somnolencia mateiforme: El ensayo reveló que luego de ingerir 1,5 litros de mate comenzaron a revelarse los primeros síntomas de mansedumbre, que alcanzaron su máximo a los 2,23 litros, momento en que el ensayo tuvo que ser detenido debido a un problema de incontinencia urinaria en el total de los individuos, fenómeno que se observó también en los controles. A las 2 horas de terminado el ensayo, 35/40 individuos se encontraban dormidos, incluido el control positivo que mostró los primeros síntomas de sueño a los 15 minutos de concluido el ensayo, mientras que el control negativo se mostraba despierto y con lucidez mental normal.

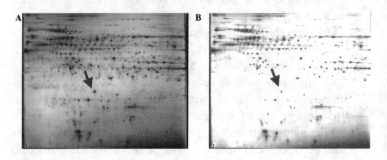

Figura 2
Geles de electroforesis bidimensional de un extracto de yerba mate (A) y del agua que pasó a través de un extracto similar (B).
La flecha señala en ambos geles la nueva proteína no caracterizada que, como se ve por la dimensión del spot, se encuentra en grandes cantidades tanto en el extracto como en el agua.

Electroforesis bidimensional del triturado de yerba mate y del agua: como se muestra en la Figura 2, ambos geles revelan la presencia de una proteína de 83 daltons, presente en grandes cantidades tanto en el triturado como en agua que previamente fuese pasada por este triturado.

Cristalización y caracterización de la proteína encontrada: Luego de aislar y cristalizar la proteína, mediante un software especial para la comparación de estructuras proteicas relacionadas, se la comparó con una endorfina del cuerpo humano que se segrega en grandes cantidades, desencadenando una cascada de señalización que culmina produciendo en el individuo una somnolencia severa. En algunos casos se reportaron efectos más severos como la pérdida de conocimiento (ver Figura 3).

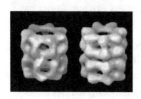

Figura 3
Nueva proteína vs. endorfina humana.
Imagen generada por procesador en función de los datos aportados por la cristalización con rayos X.
La primera es la proteína de 83 daltons presente en las hojas de yerba mate y la segunda es una endorfina humana.

Los ensayos *in vivo* fueron concluyentes, ya que como se muestra en la Figura 4 luego de ser agregada la proteína al alimento de los ratones, a los 45 minutos aproximadamente se observaron los primeros síntomas de somnolencia que alcanzaron su máximo a los 90 minutos de comenzado el ensayo.

Actividad *in vivo*

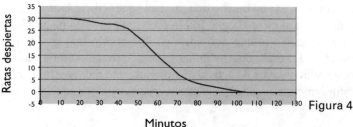

Figura 4

Discusión

Los resultados muestran claramente que la nueva proteína caracterizada es la responsable de la respuesta neuronal que da lugar a una reacción de mansedumbre. Por otro lado, el parecido con las endorfinas es muy significativo, (Valium R. S., *et al.*).

Los geles que se observan en la Figura 2 demuestran además que la proteína está presente no sólo en el extracto de yerba mate sino que es transferida al agua cuando aquélla pasa a través del extracto. Los ensayos *in vitro* confirman que la proteína involucrada en la reacción de somnolencia mateiforme es la de 83 daltons y no otras proteínas que podrían estar también presentes en el mate. Por otro lado, estudios realizados con extractos de té de tilo muestran la presencia de una proteína similar con un peso de 80 daltons que describe efectos semejantes en ensayos con ratones y políticos, (Green Hills L. *et al.*, 1998).

Países como la Argentina, en donde se ingieren grandes cantidades diarias de mate, provocan en el individuo que las consume un decaimiento en su capacidad productiva. Este fenómeno, extrapolado a la población en general, da como resultado un decaimiento productivo, lo que explica el aumento del Riesgo País. Esto también explicaría por qué un país como Chile, con condiciones muy diferentes a las de Argentina, posee una estructura económica mucho más estable (Los Patricios *et al.*, 1996), debido a que en ese país el hábito del mate no estaría demasiado instaurado. En cambio, en países como Colombia y Paraguay, donde no sólo se toma mate sino una variante de éste llamada coloquialmente *tereré* (que sólo difiere del mate en que el agua está fría, o a temperatura ambiente), la economía es aun mucho más inestable que la de la Argentina, debido a que al estar el agua fría la proteína posee un plegamiento más compacto lo que devendría en una acción más profunda o acentuada. Resultados preliminares de nuestro laboratorio indican que según ensayos de actividad y plegamiento a diferentes temperaturas muestran que el plegamiento más activo (que equivale a más horas de sueño luego de ingerir un litro de mate) es alcanzado por la enzima a los 28 °C, aunque permanece activa a temperaturas superiores a los 115 °C.

Con todo lo expuesto hasta aquí, es bastante claro que para que los países latinoamericanos logren ingresar al Primer Mundo deberán interrumpir de manera drástica el consumo de yerba mate e iniciar exportaciones de este producto a Europa y los Estados Unidos.

Bibliografía

Chamigo, T. R.; Nobleza Gaucha, S. N. y Taragüí C. G., "Yerba mate, ¿El elixir de los dioses o de los vagos?", *Annals of Cartel de Cali*, 1989, pp. 150-176.

Cruz de Malta, T. R.; Chamigo, R. T. y Adelgamate, L. S., "Mate el octavo pasajero", *El Matero*, 1995, pp. 156-158.

Green Hills, L. W. y La Virginia, T. M., "Nueva proteína en extractos de Té de Tilo", *Annal of Té*, 1999, pp. 256-260.

Los Patricios, C. A., *Las endorfinas y la vagancia*, Medicina, 2000, pp. 236-1250.

Sosa, M.; Pastoritti, S. y Chalchalero, J. C., "El consumo de mate en América Latina", *Yerbal Journal*, 120, 1997, pp. 1230-1245.

Taragüí, C. G.; La Tranquera, P. D. y Cruz de Malta, D. M., "Complicaciones sociológicas del consumo irrestricto de yerba mate", *Yerbal Journal*, 78, 1970, pp. 1605-1610.

Union, D. L.; Adelgamante, P. T. y Cebecé T. M., "La yerba y la iglesia católica", *Journal of yerbal corporation*, 16, 1998, pp. 585-590.

Inzombiavirus y otras yerbas: la historia nunca antes contada sobre la zombificación

MELINA LAGUÍA BECHER*
Laboratorio de Investigaciones Esotéricas,
Departamento de Genética Molecular

Resumen

La zombificación es una de las prácticas más antiguas y enigmáticas del culto vudú. Provoca en sus víctimas un estado de demencia caracterizado por pérdida de facultades cognitivas. Hemos logrado reproducir por primera vez esta patología en un ambiente controlado, estableciendo las causas fisiológicas de sus síntomas, así como el origen de la sustancia disparadora. Además, descubrimos la correlación de esta afección con un virus nunca antes descripto en la bibliografía, inzombiavirus, IZV, y dos claras características en los animales predispuestos a la conversión, su origen étnico y el insomnio.

PALABRAS CLAVE
inzombiavirus, IZV; zombificación; polvo zombi.

Introducción

Desde hace cientos de años el mito "zombi" ha aterrorizado a los pueblos devotos de la religión vudú y desconcertado a la so-

* Melina Laguía Becher es licenciada en biotecnología y realiza su doctorado en el laboratorio de Inmunología Molecular y Estructural del Instituto Leloir, estudiando las bases moleculares de la maduración de afinidad de anticuerpos antiproteínas.

ciedad occidental, provocando la búsqueda de respuestas racionales que permitieran descubrir la verdad oculta tras los muertos vivientes.

Cuenta la leyenda que los *bokors* (magos negros) utilizan sus poderes para robar los dos espíritus que habitan el cuerpo humano, el *Gro Bonani* y el *Ti Bonani*, capturándolos en una botella blanca y causando la muerte del individuo; entonces los brujos se vuelven dueños del cuerpo físico, pudiéndolo revivir para transformarlo en un zombi que someterán a su voluntad mientras no consuma agua o alimentos salados, ya que la sal libera al zombi de la maldición y le permite recuperar la cordura y regresar a su tumba. Los fanáticos del vudú afirman que en el rito de zombificación intervienen dos brebajes: el polvo zombi o *poudré* (sustractor del alma) y el *pepino zombi*. La primera de estas bebidas provocaría la muerte, mientras que la segunda permitiría al *bokor* despertar al zombi y convertirlo en su esclavo [1].

Hace tiempo que los ingredientes "mágicos" de estas pócimas han sido develados [2]. El polvo zombi –cuyo aditivo más llamativo es la *tetradoxina*– es un compuesto elaborado a partir de distintas sustancias de origen vegetal (*tcha-tcha* y *pwa grande*), animal (sapos, reptiles, insectos y arañas) y humano, que, mezcladas en su exacta proporción, producen el veneno más fascinante de la brujería afroamericana, capaz de confundir el diagnóstico de los más expertos forenses. El *pepino zombi* se prepara a partir de la potente planta alucinógena *Datura extramonium*.

La interpretación científica actualmente aceptada sobre el misterio de los zombis afirma que la *tetradoxina* puede atacar y suspender en un estado de carencia límite al sistema nervioso autónomo y al cerebro, hasta el punto de causar la total ausencia de señales vitales. La *Datura extramonium* eliminaría la tetradoxina provocando una reanimación física, además de una amnesia permanente y un estado alucinatorio. Esto se suma al pánico que sufre la víctima al ser enterrada viva, capaz de dañar el cerebro irreversiblemente, y a la posible anoxia o encefalopatía letárgica hipertensiva debido a los efectos tóxicos de la *tetradoxina*, lo cual explicaría el patético estado físico-psicológico de total abandono y sometimiento en que se ve sumido el zombi. Sin embargo, todos los intentos por reconstruir la psicopatología en modelos animales han fracasado hasta el momento.

En territorio vudú ni la leyenda ni la explicación científica parecen tener validez; la creencia sobre la zombificación cuenta una historia muy diferente: existirían personas protegidas por los *loas* (dioses) a quienes ningún brujo podría sustraer el alma. Por otro lado, los *bokors* reconocerían a sus potenciales víctimas entre aquellos que vagan de noche, en particular los insomnes [3].

En 1993 un médico norteamericano publicó un artículo en el que relacionaba los brotes de sida en Haití con el culto vudú [4]. Tras analizar los primeros focos de sida localizados en Haití y África Negra, llegó a la conclusión de que el único punto en común era la religión vudú, y más concretamente las prácticas de zombificación. Según esta audaz hipótesis, el virus del HIV, que se encontraba en estado latente, era estimulado de alguna forma a través de las pócimas utilizadas por el *bokor*.

Por otra parte, estudios realizados en los últimos veinte años en clínicas psiquiátricas de Haití sugieren una causa viral para diferentes trastornos mentales [5, 6].

Si bien estas investigaciones nunca fueron tomadas en cuenta por la comunidad científica, creemos que tras ellas podría esconderse la clave para desentrañar finalmente el misterio: un potencial virus capaz de volver a un individuo refractario o proclive de ser convertido en zombi.

Teniendo en cuenta estos hechos, nos propusimos reproducir en el laboratorio el proceso de zombificación, tomando como objeto de estudio el utilizado por los *bokors*, los insomnes, y analizar qué los vuelve susceptibles y los diferencia del resto, restringiendo esta búsqueda a un virus.

Materiales y métodos

ANIMALES. Un total de 115 humanos machos purgando cadena perpetua en la Penitenciaría Popular de Puerto Príncipe (PPPP) se ofreció voluntariamente a intervenir en nuestra investigación a cambio de una reducción de las condenas. Los individuos fueron sometidos a distintas pruebas biológicas, psicofisiológicas, subjetivas y cognitivas [7-11] con el fin de establecer quiénes sufrían de insomnio. Sólo 38 de los 115 postulantes alcanzaron un puntaje satisfactorio; del resto seleccionamos 15 al azar para utilizarlos como controles negativos regionales. Los otros 36 individuos utilizados como controles fueron provistos por el gobierno de Marruecos. El promedio de edades de los 90 sujetos utilizados fue de 33,3 años, con el mínimo en 16 y el máximo en 38.

Misteriosamente uno de los controles y tres de los insomnes murieron en una excursión por el río Duvallier organizada por este equipo en carácter de recreación. Los cadáveres fueron aprovechados como material necrótico para microscopía.

ZOMBIS. Cinco zombis de aproximadamente 30 años fueron recogidos por nuestro grupo de tres plantaciones de caña situadas en distintas locaciones de Haití. Tras la extracción de líquido cefalorraquídeo, LCR, fueron sacrificados para utilizarlos como material de las necroscopías.

POLVO ZOMBI - PEPINO ZOMBI. Ambas bebidas fueron amablemente cedidas por la Sociedad Secreta de Brujos Afroamericanos (SoSBA) bajo amenaza de mutilación si la naturaleza y proporción exacta de sus ingredientes eran publicadas en este trabajo.

MUESTRAS. Se extrajeron 5 ml de LCR por punción lumbar. El material fue sometido a una ultracentrifugación en gradiente de sacarosa para recolección de la fracción viral según el protocolo internacional de extracciones y procesamiento de líquidos biológicos [12] y las muestras fueron mantenidas a 4 °C hasta su utilización.

Los extractos cerebrales se prepararon por licuación de encéfalos, incluido material óseo, a través de un procesador eléctrico.

Se utilizó un micrótomo para realizar cortes de distintas partes del encéfalo de los cadáveres tras la fijación, inclusión y tinción estándar para microscopía [13].

PCR. Se utilizaron 3 ml de LCR para realizar una *multiple nested PCR*, mnPCR [14]. Se incluyó como control interno de la reacción 10^4 copias de un plásmido conteniendo *al virus de la rabia equina, ERV* (provisto por Jeckyll *et al.*, 2000). Tanto para la extracción del DNA como para la PCR se siguió el protocolo estandarizado del Instituto de Biotecnología "Dr. Sabato" [15]. Se empleó el par de primers universales *dpv* para la amplificación de un fragmento de cualquier DNA polimerasa viral. Como control negativo se utilizó H_2O. Sólo se dieron como positivos aquellos casos que, al repetirse el ensayo usando otra alícuota de la muestra, resultaron positivos.

Aislamiento viral. Se agregaron 500 µl de LCR positivo para IZV a monocapas con 80% de confluencia de células nigrománticas (línea celular NG48 derivada de cerebro de infantes mozambiquenses, repiques 66 a 99, suministrada por el Dr. Olié de la Universidad de Zaire). Tras una hora de incubación a temperatura ambiente se retiró la muestra y se añadieron 2 ml de medio de cultivo. Las placas se mantuvieron a 37 ºC y atmósfera de CO_2 al 5% hasta visualización de efecto citopático. Se hicieron 3 pasajes previamente a la recolección de partículas víricas por centrifugación (700 g, 45').

Estudios *in vivo*. La infección con IZV de los controles se realizó por inyección intracraneal de 33 µl del aislado viral.

Zombificación. Los sujetos fueron mantenidos en aislamiento durante siete días; tras la cuarentena se les suministró en una dosis única (desayuno) la sustancia como prueba de provocar zombiogénesis, excepto los sujetos sometidos a la zombificación clásica, que recibieron el *pepino zombi* como cena, el resto ayunó por 24 horas. En todos los casos fueron monitoreados durante las dos semanas subsiguientes para determinar la aparición de características zombis medidas de acuerdo con la escala comparativa de Comportamiento y Manifestaciones Psicópatas del Dr. Asimov [16].

Resultados

DETECCIÓN DE VIRUS POR **PCR**. La mnPCR del LCR de insomnes, controles y zombis permitió amplificar un total de 8 virus conocidos y un virus desconocido, al cual bautizamos como *inzombiavirus*, IZV, por haber sido hallado sólo en las muestras de insomnes. En conjunto los insomnes mostraron una mayor carga y tipo viral que los controles; sin embargo, entre los controles fueron los haitianos los positivos para virus, mientras que los controles marroquíes resultaron no encontrarse infectados. Estos resultados podrían deberse a las causas socioeconómicas en las que se encuentra inmersa Haití, las cuales favorecerían la transmisión de enfermedades. Contrariamente a los resultados esperados para zombis, éstos mostraron no contener IZV en LCR, aunque la incidencia de infección con los demás virus fue de un 100% (Tabla 1).

Tabla 1
Virus encontrados en LCR

Virus	Insomne	Control	Zombi
IZV	I	0	0
CMV	0,07	0,9	I
VVZ	0,7	0,77	I
HH66	0,69	0,14	I
EBV	0,13	0,02	I
VHS	0,7	0,01	I
WHV	0,65	0,28	I
GSHV	0	0,04	I
HIV	0,24	0,13	I

IZV= Inzombiavirus
CMV= Ciclometalovirus
VVZ= Virus vampiro zafo
VHH66= Virus de honor humano 66
EBV= Bobovirus
VHS= Virus de la hiedra simple
WHV= Virus humano lobo
GSHV= virus humano goodson
HIV= virus infecto humano

RESULTADOS DE LA PCR

Los productos de PCR fueron observados en gel de agarosa al 4% teñido con bromuro de etidio utilizando un patrón de peso molecular preparado con casos positivos para los diferentes virus neurotróficos conocidos, lo que permitió detectar distintos tipos de virus según el tamaño de banda: IZV 140 pb, VHS 120 pb, EBV 118 pb, VVZ 98 pb, HIV 95 pb, CMV 78 pb, VHH66 66 pb y WHV 54 pb, GSHV 49 pb. Parte superior: calles 1 y 6, patrón de peso molecular; calles 2-5, casos positivos IZV; calles 7 y 8, casos positivos VVZ; calle 9, caso negativo. Parte inferior: calle 1, patrón de peso molecular; calles 2-4, casos positivos CMV; calle 5, caso positivo VHH66.

Zombificación. La Tabla 2 resume los resultados obtenidos en los experimentos de zombificación utilizando distintos preparados. Debe aclararse que tanto los insomnes como los controles tratados únicamente con polvo zombi murieron en un lapso de 8 a 13 horas, por lo que el experimento no se repitió en los controles infectados con IZV. Las autopsias de los 10 sujetos demostraron que las muertes se produjeron por paro cardiorrespiratorio causado por la intoxicación con tetradoxina. Tras la administración de polvo zombi + pepino zombi y extractos de cerebro zombi sólo los insomnes fueron convertidos en su totalidad. Los 3 controles infectados que se volvieron zombis pertenecían al grupo de haitianos y fueron los únicos en los que se evidenció un marcado cambio de carácter tras la infección con IZV. En todos los casos los controles infectados no mostraron problemas de insomnio en el momento de los experimentos, que se realizaron un mes después de la inoculación con el virus. La infección se corroboró por mnPCR.

Tabla 2
Zombificaciones

	Insomne	Control	Control infectado
Polvo zombi + pepino zombi	7/7*	0/3	2/10
Polvo zombi	0/7	0/3	-
Pepino zombi	0/7	0/9	0/3
Cerebro zombi triturado	7/7*	0/3	1/10
Cerebro humano triturado	0/7	0/3	0/3

* $p < 0,001$ iguales entre sí pero significativamente diferentes al resto (AOV test).

Los sujetos zombificados comenzaron a mostrar rasgos distintivos al resto a partir del tercer día de ingesta de los preparados. El primer cambio observado fue de carácter fisiológico (disminución cardíaca) y lo atribuimos al excesivo estado de reposo en el que se sumieron estos animales. Las parálisis musculares se presentaron como episodios de no más de 30 minutos de duración y se volvieron más marcadas a partir del noveno día (estos ataques desaparecieron en todos los casos al día 23). Aunque las facultades mentales fueron declinando progresivamente, el resto de las características psicopatológicas medidas fueron desapareciendo hasta un *plateau* a partir del mes, siendo las primeras las únicas que no se recuperaron. El promedio diario de horas de sueño de los zombis fue de tres, sin embargo, no estamos en condiciones de distinguir si esta característica es resabio de viejas costumbres o efecto de nuevos problemas.

Microscopía. Los cerebros de zombis observados por microscopía óptica mostraron distinto grado de neurodegeneración en el sistema reticular activador, SRA. Consideramos que estos resultados pueden relacionarse con la cantidad de tiempo transcurrido desde su conversión, la cual desconocemos. Los insomnes, como el control estudiado, mostraron el aspecto esperado de un cerebro normal (datos no mostrados).

Discusión

Los experimentos realizados en este trabajo nos permitieron separar a los individuos del estudio en dos poblaciones bien diferenciadas, acorde con su capacidad de ser zombificados, demostrando de esta forma que no todos los seres humanos pueden ser convertidos en zombis. El grupo refractario estuvo constituido por hombres tanto de origen marroquí como haitiano, mientras que aquellos que se volvieron zombis compartían tres características por demás destacables: eran oriundos de Haití, sufrían de insomnio y se encontraban infectados por un virus desconocido en el momento de realizada esta investigación. Si bien resulta esencial la correcta caracterización de este virus antes de aventurarse al postulado de hipótesis que den cuenta de su relación con el insomnio y la zombificación, pensamos que, por no haber sido descubierto previamente, es probable que afecte a un número reducido de personas y que sus efectos pasen inadvertidos o no sean los esperados para un agente patógeno viral. Podemos afirmar sin equivocarnos que los trastornos del sueño han sido suficientemente investigados como para descartar la eventual participación de un virus en ellos. Por otra parte, los resultados son claros al mostrar que la infección por IZV, aunque siempre presente, no es suficiente para la zombificación. Esto nos lleva a plantear la posibilidad de que IZV no sea la causa del insomnio en estos individuos, como lo prueban los controles infectados, sino que este grupo particular de insomnes sean los receptores naturales de IZV y que ambas características se encuentren ligadas o influenciando a la que los vuelve susceptibles de convertirse en zombis o que sean en conjunto la causa de ésta. El particular resultado obtenido en los tres casos de controles haitianos infectados que se volvieron zombis no contradice las ideas recién formuladas, ya que desconocemos la vía de transmisión de IZV: así, al inocularlo en LCR bien pudimos franquear el acceso natural alcanzando infecciones exitosas en todos los casos. Creemos que estas tres personas no eran inmunes al IZV: si no se encontraban infectadas es simplemente porque no estuvieron en contacto con el virus, y el hecho de que no tuvieran insomnio se debe al corto período transcurrido desde la infección. Si bien ésta no es más que una posible interpretación, pensamos que sería un error desestimar la importancia del virus y del insomnio en esta patología. Queda por responder por qué los insomnes, que eran IZV [+], se negativizaron al convertirse; deberemos comprobar que el virus realmente se encuentra ausente en zombis, ya que sólo lo buscamos en LCR, y analizar cómo los cambios producidos en el organismo lo afectan. Aunque con nuestro trabajo logramos refutar la hipótesis que señalaba a la *tetradoxina* y la *Datura extramonium* como disparadores de la transformación zombi y demostramos que lo que sea que la provoque se encuentra en el cerebro de los afectados, aún debemos descifrar la naturaleza de este componente. Los interrogantes sobre la zombificación se han multiplicado a partir de nuestra investigación; sin embargo, consideramos haber avanzado como nunca antes en este misterio, probando de forma fehaciente la predisposición en un grupo característico de personas a ser convertidos en zombis, proceso que nada tiene que ver con la magia o la brujería.

Agradecimientos

Este trabajo fue financiado con donaciones de la Liga Intercontinental de exfetiches en rehabilitación y de la Asociación de Insomnes Republicanos Abatidos (IRA).

Agradecemos sinceramente la colaboración brindada por los gobiernos de Haití y Marruecos y las autoridades de la PPPP.

Referencias

1. Hemingway, E., *Las Nieves Del Bokor*, España, Iberoamericana, 1935.
2. Quilmes, M.; Heineken, E. e Iguana, L., "Wie sehr viel nehmend und kranker nicht zu werden", *Anonymer Alkoholiker*, 185, 1985, pp. 456-655.
3. Watson, N.; Aluau, C.; Phillips, M.; Fierro Colon, A. C.; Gaitán, R. y Rodríguez, M., "Comprobación teórica virtual de la conversión zombi infligida", *Anales de los misterios sin respuesta*, 65, 1990, pp. 36-39.
4. Baran, M., "HIV and vudu", *The Ley Huntler 1784*, 1993, pp. 5-9.
5. Narcisse, A. y Ti Femme, M., "Le virus de l'ezquizofrenia", *Horizons scientifiques*, 98, 1993, pp. 66-76.

6. Samedhì, L. y La Croix, K., "La dernière révélation dans virus", *Psychiatrie*, 1, 1995, pp. 1-2.
7. Carskadon *et al.*, "Multiple Sleep Latency Test", *Parallel universe*, 98, 1986, pp. 45-48.
8. Kooe, L., "Minnesota Multhiphasic Personality Inventory", *Sleepless impact*, 6543, 1956, pp. 1-4.
9. Monroe, O., "Absolute and relative times", *Cronotests*, 9, 1967, pp. 34-39.
10. Coursey, W. *et al.*, "Schlafloser Einfluß", Cronotest, 9, 1975, pp. 40-41.
11. Zuckerman, K.; Bixler, B. y Baxin, Y., "Prove with evoked auditory potentials search of sensations: the Zuckerman's scale", *Real lies*, 5, 1984, pp. 22-24.
12. Karamchand, M., " Cómo extraer y tratar a los líquidos", *Boletín oficial UNICEF*, 789, pp. 44-65.
13. Zernike, F., "Of like the microscope uses you", *Microscope*, 15, 1905, pp. 19-23.
14. Davis, K.; Arthur, L. y Frederich, S., "The multiple nested PCR allows amplified on one set 99 plasmids vectors", *Biochesmistry*, 88, 1998, pp. 5294-5299.
15. Sabato, E. y Cortázar, J., *Armagedon*, Argentina, El mundo, 1992.
16. Asimov *et al.*, "Manifestaciones psicópatas y medios de comunicación", *Crimen*, 98, 1984, pp. 67-73.

Estudio comparativo de las variaciones de rendimiento en biomasa *S. cerevisiae* y *E. coli* con distintos tipos de nutrientes y en diferentes condiciones de humor

Matías Nóbile*

Área Bioprocesos, Departamento de Ciencia y Tecnología,
Universidad Nacional de Quilmes,
y Centro de Investigación y Rehabilitación,
Universidad de Maradonia

Resumen

Existen amplios conocimientos acerca de cómo varían los resultados al cultivar *S. cerevisiae* y *E. coli* utilizando medios de cultivo tanto simples y definidos, como complejos e indefinidos. Se formularon tres medios de cultivo complejos que difieren en un solo componente entre sí. Al mismo tiempo, se proporcionan dos condiciones de estrés: una condición blanco y otra de chistes a repetición. Los resultados buscados incluyen un aumento en la producción de biomasa, dependiente tanto de los nutrientes empleados, como el desenfado con que crecen los microorganismos empleados, además de la combinación de ambos factores. Se utilizan para este estudio un modelo procariótico y uno eucariótico en cultivo "Batch".

Introducción

Se conocen desde hace muchos años diversos factores que influyen sobre el crecimiento de los microorganismos cuando son cultivados en el laboratorio, tales como la fuente de carbono y ener-

---

* Matías Nóbile es licenciado en biotecnología y trabaja en química de oligonucleótidos.

gía, la fuente de nitrógeno, diversos aminoácidos, vitaminas y sales inorgánicas. A su vez, se sabe que la temperatura del cultivo es un elemento que puede ser crucial a la hora de favorecer la producción de metabolitos secundarios. Además se sabe que diversas condiciones de estrés pueden conducir a las más variadas fluctuaciones en los parámetros específicos de crecimiento y de formación de biomasa. En este sentido intentamos percibir variaciones de rendimiento de masa microbiana en los cultivos, al utilizar alternativamente los tres medios de cultivo nutritivos diferentes. Es conocido también el dogma de que "todo resulta mejor con buen humor". Orientando nuestros esfuerzos a ello, intentaremos que una seguidilla interminable de chistes de los temas más variados mantenga con ánimos renovados a los microorganismos empleados en este estudio, empleando como control negativo un cultivo similar en una habitación vacía en la que las expectativas de crecimiento son las normales, halladas en la literatura que abarca el tema.

Materiales y métodos

Medios de cultivo: Se emplearon tres medios de cultivo, formulados con 50 g/l de glucosa, 5 g/l de sulfato de amonio, 15 g/l de peptona de carne y 2 g/l de lisado de levaduras. A los caldos n° 2 y n° 3 se les adiciona vino (Talacasto, TetraPack) en una concentración final de 1X y 5X, respectivamente.

Fermentador: para todos los ensayos se utilizaron dos biorreactores similares (LabSystem SK 29-9b de 1,71 de capacidad, rodete tipo Rushton de palas planas, K1a= 960), situados en habitaciones adyacentes, completamente aisladas acústicamente, mediante una alternancia de paneles de cartón prensado, lana de vidrio y telgopor.

Cepas empleadas: Para los ensayos con modelo procariótico, se empleó una cepa de *Escherichia coli* (pbR 322). Para los ensayos con modelo eucariótico se empleó una cepa de *Saccharomyces cerevisiae* wt (Pbf 1).

Víveres para contadores de chistes: conociendo la dificultad que representa contar chistes durante 6 a 10 horas (que es lo que dura una fermentación de este tipo) se proveyó de alimentos a los contadores de chistes: salamín picado grueso (214 S.R.L.), quesillo de campo (ruta Nac. n° 2, KM 98,800 preguntar por Tito), Chizitos (200 g, Kellog's), Cream n' Onion Potato Crisps (Pringles), aceitunas en salmuera (Nucete, peso seco escurrido 475 g), vino tinto (López, Burdeos Saenz, Uvita y Bordolino, en ese orden).

Procedimiento de cultivo: se inocularon en sincronía 0,50 g/l de microorganismos en cada biorreactor (para ambas condiciones de estrés), se activó la aireación y se comenzó con la agitación, repitiendo este procedimiento para cada caldo y para cada microorganismo.

Toma de muestras: se tomaron muestras del cultivo al momento de la inoculación (t_0), cada dos horas subsiguientes (t_{11} a t_3) y otra al momento de que la fuente de Carbono y Energía alcanzó la concentración de 0 g/l (t_4).

Medida de peso seco: se estimó la cantidad de biomasa formada llevando a peso seco una alícuota del caldo de fermentación.

Resultados

RESULTADOS OBTENIDOS PARA EL MODELO PROCARIÓTICO *E. COLI*

	M1 C1	M1 C2	M2 C1	M2 C2	M3 C1	M3 C2
t_0	0,50	0,50	0,50	0,50	0,50	0,50
t_1	2,04	1,95	1,98	2,11	2,01	2,06
t_2	9,16	8,65	8,91	9,07	8,93	8,96
t_3	26,65	25,76	26,03	25,64	25,70	26,01
t_4	59,74	57,92	60,22	58,50	59,24	60,75

M indica medio de cultivo (1: sin vino, 2: con vino 1X, 3: con vino 5X); C indica condición de estrés (1: sin chascarrillos, 2: con chascarrillos). Los resultados se expresan en gramos de biomasa formada por litro de cultivo y se pueden apreciar gráficamente en la Figura 1.

Figura 1

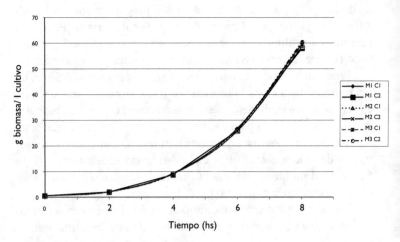

RESULTADOS OBTENIDOS PARA
EL MODELO EUCARIÓTICO *S. CEREVISIAE*

	MI CI	MI C2	M2 CI	M2 C2	M3 CI	M3 C2
t_0	0,50	0,50	0,50	0,50	0,50	0,50
t_1	1,26	1,22	1,35	2,16	1,31	2,98
t_2	8,70	8,45	8,06	10,52	7,72	16,50
t_3	24,10	25,98	25,29	30,79	24,26	42,22
t_4	56,05	55,81	58,50	66,17	58,81	74,27

M indica medio de cultivo (1: sin vino, 2: con vino 1X, 3: con vino 5X); C indica condición de estrés (1: sin chascarrillos, 2: con chascarrillos). Los resultados se expresan en gramos de biomasa formada por litro de cultivo. La representación gráfica de estos resultados puede apreciarse en la Figura 2.

Figura 2

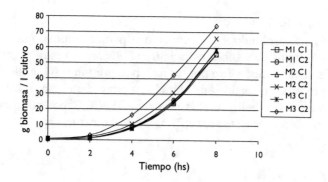

Discusión

En el presente estudio hemos introducido un nuevo concepto en materia de Bioprocesos en el cual no se ha reparado nunca, que engloba el concepto de cómo cambiar la predisponibilidad al crecimiento con chistes y vino. Como puede observarse para el modelo eucariótico, el rendimiento en biomasa aumenta con altas concentraciones de vino y chistes a repetición. Esto está de acuerdo con los estudios previos similares realizados en modelos de eucariotas superiores (tal como el hombre) en los cuales sucede que acrecienta la tasa reproductiva al consumir vino asiduamente, mezclándolo con altas dosis de humor berreta. Esto puede comprobarse al ver los subclones formados en las colonias de los suburbios de los cultivos de humanos de la zona.

En contrapartida, al modelo procariótico no parece concernirle ni la condición de estrés propuesta, ni el agregado del reactivo "vino" al medio de cultivo. Esto podría deberse a diversas causas que van más allá de las pretensiones de este estudio. Quedarán para posteriores investigaciones cuestiones tales como: ¿*E. coli* posee un gen de resistencia al vino? ¿Los procariotas no entienden nada? ¿Es el humor una facultad eucariótica?

Agradecimientos

El más profundo agradecimiento es para la empresa que nos aceptó Bonos de Cancelación de Deuda (PATACÓN) para pagarle los fermentadores, a Tito por los reactivos prestados (Quesillo de campo), a la Universidad de Maradonia por ceder el espacio vital físico donde se realizaron los ensayos, a M.M.C.R. por sus inteligentes, mordaces y sagaces críticas a este y otros trabajos.

Bibliografía

Ahmad, F. y Goldstein, B. J., "Functional Association between the Vinardo Receptor and the Transmembrane Protein-tyrosine Phosphatase LAR in Intact Cells. J Bio/.", *Chem.*, 272, pp. 448-457.

Cristófalo, V. J.; Gerhard, G. S. y Pignolo, R. J., "Molecular Biology of aging & wine", *Surg Clin North Am 1994*, 74, pp. 1-21.

Miller, R. A., "The wine immune system", *Science*, 273, 1996, pp. 70-74.

White, M. F. y Kahn, C. R., *How the humour changes all*, 269, 1994, pp. 1-4.

Zhou, G.; Curnmings, R.; Li, Y.; Mitra, S.; Wilkinson, H. A.; Elbrecht, A.; Hermes, J. D.; Schaeffer, J. M.; Smith, R. G. y Moller, D. E., *Mo/. Endocrinology of winning wine*, 12, 1998, pp. 1594-1604.

El ADN se autorreplica, gracias a Dios

PABLO PELLEGRINI*
Instituto de Patagenética, París, Francia;
Laboratorio de Teología Crocante,
Universidad Nacional de Quilmes, Argentina

Resumen

Hemos investigado las insondables profundidades del ADN, y nos hemos encontrado con Dios. Sometiendo fragmentos de ADN a numerosos ensayos de replicación, en medios donde no había ningún factor conocido que permitiera este proceso, comprobamos que el ADN mantiene su capacidad autorreplicativa, siempre y cuando Dios lo faculte para la narcisista (y onanista) tarea de autorreplicarse. Ponemos fin así al pernicioso canto de los agitadores que pregonan la ausencia e inutilidad de Dios y encuentran por doquier reproducciones de una supuesta ideología dominante, incluso en la ciencia. Estos resultados demuestran que el ADN tiene la capacidad de autorreplicarse, capacidad que es adquirida cuando Dios se hace presente.

Introducción

Las técnicas de manipulación del ADN (digestión, inserción de fragmentos, replicación, amplificación) involucran además del ácido nucleico a diversas enzimas, soluciones, monómeros, temperaturas, cofactores y otros elementos que buscan proporcionar un en-

---

* Pablo Pellegrini es licenciado en biotecnología y trabaja en análisis de ácido linoleico conjugado. También se desempeña como cómplice de la Editorial Argonauta.

torno adecuado para el proceso. Pero al mismo tiempo se identifica al ADN como la molécula rectora de todos los fenómenos biológicos, independizándola del organismo y hasta adjudicándole ser el germen que contiene al organismo. Esto quiere decir que hay una metodología que indica cómo tratar al ADN, al mismo tiempo que hay una concepción predominante sobre el papel del ADN, y la metodología y la concepción marchan en direcciones distintas.

En la interpretación del ADN como molécula principal de los procesos biológicos, su omnipotencia e independencia del entorno puede explicarse por el estrecho vínculo existente entre el ADN y Dios. Pero ha habido varias voces que se alzaron no sólo para rechazar la existencia de Dios, sino que no contentos con eso intentan explicar el origen de la creencia en Él (Lafargue, 1945; Feuerbach, 1948). Esa tendencia se continúa hasta nuestros días, en que prestigiosos biólogos han caído bajo la peligrosa idea de considerar que incluso los postulados científicos estarían influidos por la estructura de la sociedad (Bernal, 1979; Gould, 2001), y aun más, llegan a considerar el determinismo biológico que proviene de la primacía del ADN como parte de la ideología dominante (Lewontin, 1992; 2001; 2003).

En cambio, hay mentes brillantes del mundo científico que han manifestado su acuerdo con la superioridad del ADN y con el determinismo biológico que de ella se deriva (Fukuyama, 1994; 2002a; 2002b).

Si bien a su vez hay quienes cuestionan la rigidez de la noción del determinismo y las habilidades innatas, proponiendo en cambio la existencia de posiciones más dinámicas (De Niro, 1998), toda esta serie de controversias se deben a la falta de claridad con que han sido demostradas hasta hoy las propiedades del ADN.

El objetivo de este trabajo es demostrar empíricamente la capacidad autorreplicativa del ADN, buscando poner fin así a tan perniciosas diatribas ateas que dañan la moral y las buenas costumbres de nuestros niños.

Materiales y métodos

Preparación de muestras

El plásmido pZERO fue digerido con EcoRI. Los fragmentos se separaron por tamaño en un gel de agarosa, y se les añadió un extremo conteniendo la secuencia de reconocimiento de la DNA-polimerasa.

Replicación del ADN

Los fragmentos de ADN fueron colocados en tubos distintos. A un grupo de tubos se le agregó DNApolimerasa, nucleótidos, buffer, Mg^{2+} y primers, a modo de control positivo. A otro grupo idéntico no se le agregó nada, conservando cada tubo el ADN puro. A un tercer grupo de muestras se le agregó Foscarnet, un inhibidor de la DNApolimerasa.

Clonado de Dios

Se aisló y clonó a Dios según técnicas previamente descriptas (Jesucristo & Espíritu-Santo, 1455). Estos procedimientos se llevaron adelante respetando las normas para uso en laboratorio de hamsters, ratones, ballenas y criaturas celestiales: Dios no fue maltratado innecesariamente.

Ensayo de autorreplicación

Se preparó un grupo de tubos eppendorf con fragmentos de ADN del plásmido pZERO puro. A otro grupo conteniendo también fragmentos de ADN, se le añadieron las enzimas *SadE* y *MarX*, utilizadas para digerir a Dios. Se empleó otro grupo de tubos conteniendo ADN, DNApolimerasa, nucleótidos, buffer, Mg^{2+} y primers, y se le agregó también las enzimas digestivas. Se utilizó un tubo con agua como control negativo.

En todos los casos se verificó la replicación por medio de Southern Blot, PCR cuantitativa y secuenciando los fragmentos obtenidos.

Resultados

El ADN tiene la capacidad de replicarse a sí mismo, según los resultados obtenidos. En la Figura 1 puede apreciarse que el ADN se replica sin necesidad de la presencia de factores tales como la DNApolimerasa y nucleótidos.

Junto a estos resultados se observó la presencia de una llamativa banda, que pudo localizarse en todas las muestras donde había fragmentos de ADN. Este elemento, potencial agente causante de la replicación del ADN, no sería otro que Dios.

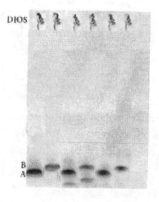

Figura 1
Southern Blot de fragmentos de ADN.
La banda A corresponde al fragmento de menor peso molecular de pZERO digerido, en tanto que la banda B corresponde al fragmento mayor. Los tubos 1 y 2 tienen, además de los fragmentos de pZERO, DNApolimerasa, dNTPs, buffer, Mg^{2+} y primers.
Los tubos 3 y 4 sólo tienen fragmentos de pZERO. Los tubos 5 y 6 tienen fragmentos de pZERO y Foscarnet.
El tubo 7 sólo tiene Foscarnet. El tubo 8 tiene H_2O. La banda de alto peso molecular, común a los tubos 1 a 6, sería Dios.

Con el objetivo de comprobar que la presencia de este agente le otorga al ADN su capacidad autorreplicativa, se procedió a clonar a Dios con el fin de garantizar su presencia en los ensayos posteriores (Motorhead, 1991; Twain, 1997). La presencia o ausencia de estos clones se utilizó para testear la autorreplicación del ADN. Se empleó asimismo una mezcla con iguales proporciones de las enzimas digestivas *SadE* y *MarX*, dada la eficacia de esta mezcla para degradar a Dios (Tabla 1).

Enzima utilizada	Actividad de Dios	Modificación del tamaño de Dios	Modificación del tamaño de fragmentos de pZERO
–	600	NO	NO
SadE	32	SÍ	NO
MarX	19	SÍ	NO
SadE + MarX	0,07	SÍ	NO

Tabla 1
Efecto de las enzimas que digieren a Dios. La actividad de Dios se midió en número de replicaciones de fragmentos de pZERO por minuto. En todos los casos se emplearon fragmentos de pZERO digeridos con EcoRI, a los cuales se les añadió SadE, MarX, una mezcla en igual proporciones de ambas, o ninguna.

Donde Dios fue digerido (Figura 2, Tabla 1), el ADN no se replicó. Por el contrario, si Dios se encuentra intacto, la replicación del ADN se lleva a cabo, haya o no otros factores de replicación. Luego de haber facultado al ADN para que se replique a sí mismo, Dios se maquilló con un color magenta intenso y recordó, no sin cierto dejo de satisfacción: "¡Ja! ¡Nietzsche ha muerto!", palabras tras las cuales hizo tronar una formidable flatulencia para escarmiento de los incrédulos –que nunca faltan– y luego de tan magnánima labor se retiró a reposar merecidamente en los turgentes senos de una monja que por allí pasaba, y que para algo habían de servir (*data not shown*). Esto implica que Dios es el agente necesario para que el ADN adquiera su capacidad autorreplicativa, sin que tomen ningún rol en este proceso elementos del entorno celular, tales como proteínas, cofactores, nucleótidos o pH.

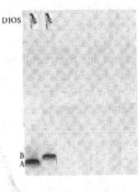

Figura 2
Southern Blot de fragmentos de ADN. Los tubos 1 a 6 contienen los fragmentos de pZERO digeridos con EcoRI y a Dios. Los tubos 3 y 4 tienen también a las enzimas SadE y MarX. Los tubos 5 y 6 tienen SadE y MarX y también DNApolimerasa, dNTPs, Mg^{2+} y primers. El tubo 7 contiene H_2O.

Discusión

El hecho de que en los tubos eppendorf se encontrara de Dios sólo su ADN, podría deberse a que el Susodicho al pasar por el tubo y hacer las replicaciones, dejara fragmentos de Sí, quizá debido a un desprendimiento de tipo mucoso o porque Dios sufriera de lepra. Lo cierto es que lo único que se encontró de Él fueron moléculas de ADN, y si lo anterior hubiera ocurrido deberían haberse encontrado células o fragmentos celulares divinos. Esta ausencia de fragmentos celulares, sumado al hecho de que al clonarse las moléculas de ADN de Dios y utilizarse en los posteriores ensayos permitieron una perfecta autorreplicación del ADN empleado, prueba que en realidad Dios es ADN.

La sola presencia de Dios proveería a las moléculas de ADN de su capacidad para autorreplicarse. A su vez, esta facultad que demostramos posee el ADN prueba el error en el que incurrieron quienes sosteniendo una perspectiva materialista insistían en que "nada surge de la nada" (Lavoisier, 1789; Faure, 1999).

Estos resultados sugieren que el milagro de la Inmaculada Concepción habría sido perfectamente posible, al autorreplicarse Dios dentro del útero de la Virgen María. Esto fortalece y da sustento científico al bellísimo mito que se ha convertido en uno de los pilares de la civilización occidental: el mito de la Sagrada Familia; vale decir, la idea de una virgen fecundada por un violador anónimo y fugitivo que es, además, su propio hijo.

Pero fundamentalmente debe hacerse hincapié en el lugar que ocupa el ADN a partir de este estudio. En efecto, la propiedad que tiene el ADN de replicarse a sí mismo lo independiza de las necesidades y particularidades del entorno, propiedad que por ende hace sobresalir a esta molécula sobre el resto del organismo en importancia. Dicha independencia del entorno faculta al ADN para concentrar en sí mismo todas las peculiaridades del organismo, el que debe entenderse como un simple producto de la información genética.

Si bien la importancia del ADN, su independencia del entorno y su capacidad para determinar al organismo, eran principios ampliamente diseminados y aceptados, la falta de una contundente confirmación empírica de estas propiedades las dejaba a merced de ser consideradas tan sólo el reflejo de una visión que tiende a adjudicar a factores ajenos al control del organismo el rol decisivo en su propia determinación; una visión que insiste en considerar lo molecular –como la conciencia individual– el elemento precursor del ser social; una visión que construye teorías y principios para impregnar el imaginario colectivo con nociones que legitimen las diferencias establecidas. Una visión que ahora debería ser tomada como una realidad palpable.

Finalmente, estos resultados contribuyen a demostrar que la ciencia es inmune a todo tipo de penetración ideológica, siendo que está dotada, en cambio, de una gran pureza intelectual. Posteriores experimentos deberían realizarse con el fin de comprobar que el ADN también crea moléculas de ARN y proteínas. Dada la importancia que estos resultados tendrían para el conjunto de los procesos biológicos, este flujo de información que va desde el ADN replicándose a sí mismo hasta la creación de proteínas, debería ser considerado, a todos los efectos, el *dogma central de la biología*.

Agradecimientos

A Dios, a la Patria y al Rey, pero sobre todo quisiéramos agradecer al cristianismo y a los apóstoles del capitalismo, ya que, como dijera Hebbel, "lo mejor que tienen las religiones es que provocan herejes".

Bibliografía

Bernal, J. D., *La ciencia en la historia*, Nueva Imagen, 1979.
De Niro, R., *Se es parte del problema, parte de la solución o parte del paisaje*, Ronin, 1998.

Faure, S., *Doce pruebas que demuestran la no existencia de Dios*, Océano Grupo Editorial, 1999.

Feuerbach, L. A., *Esencia de la religión*, Rosario, 1948.

Fukuyama, F., *El fin de la historia y el último hombre*, Planeta, 1994.

Fukuyama, F., *El fin del hombre*, Ediciones B, 2002.

Fukuyama, F., "Desconfiemos de la biotecnología", *Clarín*, 29/07, 2002.

Gould, S. J., "La postura hizo al hombre", *Razón y Revolución*, 2, 2001.

Jesucristo & Espíritu-Santo, *Técnicas para el clonado de Dios (con y sin el uso de la Virgen María)*, Biblia, 1455.

Lafargue, P., *Por qué cree en Dios la burguesía*, Leviatán, 1985.

Lavoisier, A., *Traité Élémentaire de Chimie*, 1789.

Lewontin, R. C., *Biology as Ideology*, Harper Perennial, 1992.

Lewontin, R. C., *The triple helix*, Harvard University Press, 2001.

Lewontin, R. C., "The DNA Era", *GeneWatch*, 4, 2003.

Motorhead, L., "No voices in the sky", *Journal of Bad Religion*, 1916.

Twain, M., *Reflexiones sobre la religión*, Muchnik, 1997.

Nuevos tratamientos para reducir el estrés celular

NATALIA PERIOLO*

Laboratorio de Cuidado Celular

Resumen

Todo organismo vivo se compone de células y lleva a cabo millones de reacciones metabólicas como también responde ante situaciones de estrés de diversas maneras.

Si el estrés se produce por el hombre y éste se construye a partir de células, ¿por qué no reducir esta causa tan frecuente que nos perjudica en nuestros estudios experimentales de cultivos que llevamos a cabo en nuestro laboratorio?

Estudiamos el comportamiento celular *in vitro* cuando a las células X28, que se caracterizan por ser células neoplásicas de un linfoma de linfocitos T, se las expone a los tratamientos frecuentes de laboratorio. Hemos demostrado que con los tratamientos que pusimos a punto, como un microambiente de musicoterapia, la utilización de distintos productos humectantes para las membranas celulares (cremas, aceites y jaleas) o los distintos nutrientes utilizados han contribuido a disminuir el estrés. Los resultados obtenidos en comparación a los tratamientos habituales son altamente favorables.

* Natalia Periolo es licenciada en biotecnología y actualmente trabaja en el Servicio de Inmunogenética del Hospital de Clínicas en la identificación de marcadores moleculares que puedan contribuir al pronóstico, diagnóstico y tratamiento de la enfermedad celíaca.

Introducción

Se sabe que todas las manipulaciones que se les realizan a los cultivos celulares para efectuar los distintos experimentos, que requieren tratamientos como descongelamiento, centrifugación, agitaciones, resuspensiones, congelamientos, tripsinizaciones, etc., pueden alterar sus ciclos vitales destruyendo sus membranas o sus uniones y adhesiones intra e inter celulares. Debido a ello tienen que entregar mucha energía para remediar esos efectos y, por ende, no tendrán un alto rendimiento, dato que se demuestra en los resultados experimentales.

Muchos otros factores son alterados, incluyendo su microambiente, lo que produce severos períodos de adaptación que las puede perjudicar. Las centrifugaciones y agitaciones perturban de gran manera el comportamiento celular, aumentando considerablemente el estrés, lo que se demuestra por el aumento en la enzima 2-3-4-5-oxi-dol-fosfi-estresasa.

En este trabajo demostramos cómo todos estos factores se reducen con la utilización de nuevas técnicas antiestrés.

Materiales y métodos

LÍNEA CELULAR

X24, un linfoma de células T murino fue usado como modelo para nuestro estudio.

AMBIENTACIÓN CELULAR

Se utilizaron las siguientes melodías:

Tchaikovsky: "El Vals de las Células", utilizada los fines de semana cuando permanecían en la estufa.

Vivaldi: "Las cuatro estaciones" (lunes-miércoles-viernes) acorde con la estación del año.

Mozart: Concierto para tubo n° 2 (martes-jueves).

Música Heavy-Metal: Pantera.
Luminosidad: A media luz.

Medio de cultivo

Se utilizó el medio RPMI con 10% de suero, al que se agregó antibióticos (Ampicilina y Estreptomicina), ajustando el pH con NaHCO$_3$ en estufa gaseada. Al medio se le suministró antioxidantes (1 pastilla cada dos días disuelta en PBS, 5 mg/ml) y un complejo vitamínico (disuelto 0,79 mg/ml en PBS).

Belleza celular

Se utilizaron 3 veces por semana cremas revitalizadoras para membranas celulares, colocadas en el medio de cultivo (10 ul de una concentración 5 mg/ml, con agitación suave realizada manualmente). Las cremas utilizadas fueron Lancomlípidos (Lancome), Mosaico Fluido (Nivealip) y Dermafosfolípidos (Dermaglós).

Equipamientos para las células

Se utilizaron tubos de centrífuga recubiertos de silicona para evitar rupturas violentas en las membranas celulares, así como placas y frascos de cultivo provistos de aceites energizantes (CellOil Johnson).

Ensayo de proliferación celular

Se descongeló una suspensión celular y se cultivaron en placas de 24 y 6 wells conteniendo 50.000 células, 5 ul del complejo vitamínico y una pastilla de antioxidante en un volumen final de 200 ul completado con medio.

Ensayo de proliferación acorde con el microambiente

Se cultivaron las células por 24 a 48 horas en estufa gaseada a 37 °C. Esto se hizo acompañado de las melodías descriptas de acuerdo con los días que correspondan.

Efecto de las membranas expuestas a centrífuga

Para precipitar las células por centrifugación se utilizaron los tubos de centrífuga que vienen provistos de siliconas para proteger las células y no producirles daños que podrían ser irreparables.

Ensayo de fluidez de las membranas plasmáticas

Se introdujeron dentro de los frascos de cultivo distintas cremas revitalizadoras, aplicadas en diferentes horarios del día. Por la mañana, luego de ser repicadas, se les proporcionó Lancome y Dermafosfolípidos. Por la noche se les suministró la crema Mosaico Fluido, dejándola toda la noche hasta el próximo repique.

Aislamiento de proteínas celulares

Se realizó un extracto proteico, ensayo realizado previamente (Periolo *et al.*, 1995).

Determinación de la fluidez
de la membrana plasmática

Se determinó la fluidez y porosidad de la membrana a través de un aparato que mide el diámetro de los poros, como también da idea de la movilidad que posee.

Resultados

Para determinar el grado de estrés celular, las células fueron cultivadas en paralelo utilizando los procedimientos estándar y los nuestros, que se describieron en Materiales y métodos.

Se observó que las células estaban más relajadas cuando se cultivaban bajo nuestras condiciones, ya que la enzima no se expresó 2-3-4-5-oxi-dol-fosfi-estresasa (determinado mediante western blot, datos no mostrados).

Proliferación celular

Se determinó la proliferación celular utilizando los medios indicados en Materiales y métodos junto con el complejo vitamínico. Se observó un fuerte aumento en el número de células en comparación con la metodología clásica. El crecimiento se confirmó por la medida de la absorbancia a 595 nm (Figura 1). Las células se observaban frescas, alegres y radiantes, mientras que las crecidas con los tratamientos habituales estaban bastante maltratadas.

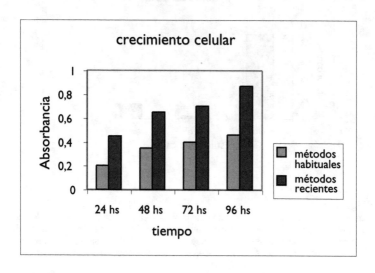

Figura 1
Aquí se observa que a medida que pasan los días la proliferación aumenta mucho más en aquellos cultivos que fueron tratados con los métodos propuestos.

Efecto de la musicoterapia
sobre el cultivo celular

Se comparó el grado de estrés de acuerdo con los diferentes tipos de música utilizados para el crecimiento celular. Se utilizaron dos variedades de música totalmente opuestas y se compararon los resultados con el control, es decir, sin música.

Se pudo visualizar que las células crecidas con música clásica estaban distribuidas espaciadamente en los frascos y placas, además el nivel de estrés era mínimo, caso contrario de lo que se podía observar utilizando otros tipos de música (Figura 2).

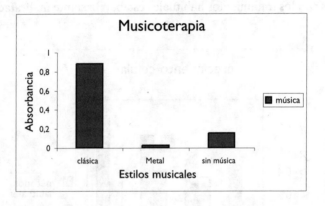

Figura 2
En esta figura se muestra cómo repercute la música en el crecimiento celular. Se puede observar que con música heavy (Pantera sp.), las células no crecen bien, ya que se encuentran muy estresadas, mientras que con música clásica la situación cambia ampliamente. Por último si las células crecen sin música se observa crecimiento limitado.

EFECTO DE LA CENTRIFUGACIÓN

Se realizaron centrifugaciones a distintas velocidades para determinar el efecto que sufría la membrana celular.

Observamos que las células que habían sido pretratadas con las cremas descriptas y Métodos, y puestas a centrifugar utilizando los tubos recubiertos de silicona, mantuvieron intactas sus membranas plasmáticas (dato no mostrado).

Por el contrario, cuando se utilizaron los tubos clásicos, se observó que las membranas comenzaban a quebrarse perdiendo la fluidez indispensable para llevar a cabo sus funciones.

Discusión

En este trabajo reportamos las nuevas técnicas que disponemos para que los tratamientos que se les aplican a las células sean menos dañinos, teniendo en cuenta como primer objetivo el mejor trato para ellas.

Se demostró que el ambiente en el cual se está produciendo el experimento es fundamental para que las células puedan crecer de una manera totalmente organizada.

El acompañamiento musical es un motivo importante para que las células no se estresen, ya que la música clásica armoniza e induce un estado de relax en ellas. Otro factor importante es el cuidado de la fluidez de la membrana plasmática, ya que ésta es fundamental para llevar a cabo las funciones indispensables como la regulación en el intercambio de iones y moléculas entre la célula y el medio extracelular.

Todos estos factores deben tenerse en cuenta para obtener el mejor cultivo posible y lograr resultados altamente exitosos debido a que las condiciones del cultivo tendrán la mayor optimización, cuidando todos los componentes celulares que se requieren para que funcione adecuadamente. Teniendo en cuenta todo esto uno puede obtener mejores trabajos experimentales ya que el cultivo celular está acondicionado de forma tal que su crecimiento y estabilidad corporal y espiritual se ven asegurados. Por lo tanto, se debería tener muy en cuenta la utilización y puesta a punto de cada una de estas técnicas para darles el máximo confort posible.

Bibliografía

Dotto, P. y Piñiero, *Cuerpo celular*, Edición Models, 2001.

Estresoso, A. y Probeta, P., *Expresión de la proteína 2-3-4-5oxi-dol-fosfi-estresasa en células linfoides*, 1993.

Giordano, R. y Harf, M., *Productos de belleza celular*, 2000.

Margollo, M. y Celulosoide, C. *Acondicionamiento de membranas celulares*, 1995.

Periolo, N. y Tripsina, T., *Microambiente celular propicio para proliferación celular*, 1991.

Capacidad de acción de la ojota o el insecticida en aerosol a la hora de matar cucarachas

SANTIAGO PLANO*

Resumen

En el siguiente trabajo se intentará poner fin a una antiquísima discusión que surge en el momento de hacer frente a las cucarachas. Estudiaremos la eficiencia de dos de los métodos más difundidos de erradicación de estos insectos: el insecticida en aerosol y la ojota. Demostraremos la eficacia superior de la ojota a tiempo 0 versus una acción más prolongada en el tiempo por parte del insecticida en aerosol.

Introducción

Durante siglos el hombre ha luchado encarnizadamente contra las cucarachas (insectos de la familia de los *blátidos*) que moran en sus hogares comiéndose su comida y poniendo en peligro la salud e higiene de sus hijos. Estos insectos pertenecen a la fauna criptozoica habitual de nuestros hogares, pueden alimentarse prácticamente de cualquier cosa y anidar en los lugares más inhóspitos. Además de los aspectos higiénicos es también importante destacar el componente sociocultural que trae aparejado el habitar en un

* Santiago Plano es estudiante de la licenciatura en biotecnología de la Universidad Nacional de Quilmes e investiga las bases neuroquímicas de los ritmos circadianos.

hogar morado por estos asquerosos insectos (Noer & Catrineu, 1935), que nos rebaja a la ignominia y al aislamiento. Surge de allí la necesidad imperiosa de eliminar a las cucarachas, y para ese fin se ha desarrollado una gran variedad de ingeniosos pero inservibles artefactos que van desde triángulos con pegamento, discos que sirven como *snack bar* para las cucarachas, hasta el más eficaz de todos: el insecticida en aerosol. Pero como probaremos en este trabajo el único método que logra una erradicación total de estos bichos es la poco apreciada ojota.

Anteriormente se han realizado estudios comparativos sobre métodos para eliminación de otras plagas, como el armadillo diente de tigre y el ratón hocicudo (Holliday & Onaice, 1995; Berns & Smithers, 1989; Buffy, 1999; Mongo & Aurelio, 1998), pero nunca habían sido extendidos a cucarachas.

En este trabajo centramos nuestra atención en los dos métodos principales de matanza de cucarachas: el insecticida en aerosol y la ojota, comparando su poder para el exterminio de estos insectos a corto y largo plazo.

Materiales y métodos

Se emplearon 3.687×10^{15} cucarachas de la especie Reina Africana (Bogart & Hepburn, 1952) a las que se dividió en dos grupos que fueron empleados para las pruebas de eficiencia de los métodos de erradicación.

Las cucarachas empleadas para el estudio de los métodos de erradicación fueron anestesiadas con una dosis de 2 mg/k de Rompum forte (Parada & Manzini, 1978), por lo que podemos asegurar que los insectos no sufrieron dolor alguno en el momento de realizarse los ensayos pertinentes. Cabe aclarar que el hecho de que los especímenes estuvieran sedados no afectó en nada el estudio (datos no mostrados), dos de los especímenes fallecieron luego de habérseles aplicado el anestésico, pero la autopsia posterior demostró que su muerte fue producida por una complicación cerebro-vascular, con posible vinculación genética, ya que eran padre e hijo.

Para el estudio de eficacia del insecticida en aerosol se empleó un compartimiento del tipo Hassenthall-King, de 1,2543 m de alto, 2,21823 m de largo, y 1,0000001 m de ancho, cerrado en forma hermética, con una sola entrada de aire a 9935/1193 m del borde superior, y a 3×2^{-2} m de margen derecho, por donde se inyectaba el aerosol, y una única puerta de 3 cm de alto por 2 cm de largo, conectada a un tubo de esas mismas dimensiones que derivaba en un embudo (Figura 1) en el cual se depositaron todas las cucarachas para hacerlas ingresar al habitáculo.

Una vez que los insectos se hallaron en el interior se cerró la puerta, se administró el insecticida Raid ultra eficacia (500 g) y se realizó un conteo de muertos al minuto 0, y luego cada 15 minutos.

Para el estudio de eficacia de la ojota se empleó una modificación de la máquina para cazar correcaminos modelo XB 1320 de ACME, adaptada para insectos. Para que las cucarachas ingresaran en la máquina se las conducía por una pasarela. Se contó aquí también el grado de eficacia al minuto 0 y cada 15 minutos.

Se realizó también un estudio de eficacia a largo plazo, para comprobar la acción residual, que consistió en aplicar el método y luego hacer pasar cucarachas, en grupos de 3,3 x 10, cada 20 minutos. Es decir, llenamos la caja de Hassenthall-King con el ae-

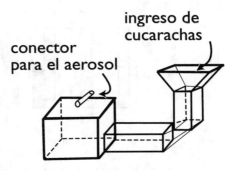

Figura 1
Esquema del compartimiento del tipo Hassenthall-King empleado en el ensayo.

114

rosol, y luego se hizo ingresar a las cucarachas. Para el estudio de la acción residual de la ojota, la máquina daba un ojotazo y luego se hacían pasar las cucarachas por la banda. Recordamos que el método se aplica sólo una vez y luego se hacen pasar los grupos de cucarachas en lapsos de 20 minutos.

Resultados

El estudio comparativo de los métodos de erradicación arrojó los siguientes resultados:

Para el caso de la ojota, luego de hacer pasar todas las cucarachas, golpeándolas con la ojota a cada una, comprobamos que el numero de muertes era del 100% al minuto 0, por lo que a 15, 30 y 45 minutos el porcentaje de muertes seguía siendo 100.

El insecticida en aerosol, en cambio, mostró ser poco o nada efectivo al minuto 0, ya que no se apreciaba ningún deceso, pero el número de muertes crecía con el tiempo alcanzando un máximo de 85% a los 45 minutos, como lo muestra la Figura 2.

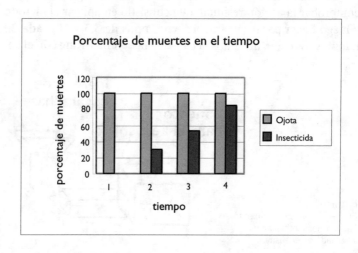

Tiempo	Ojota	Insecticida
1 = 0 min	100%	0%
2 = 15 min	100%	30%
3 = 30 min	100%	53%
4 = 45 min	100%	85%

Figura 2
Estudio de eficacia de ambos métodos.
Se muestra porcentaje de muertes a
diferentes tiempos. Nótese cómo el
método de la ojota alcanza el 100% de
muertes inmediatamente, mientras
que con el aerosol recién
a los 45 minutos se alcanza el 85%.

La Figura 2 corresponde al porcentaje de muertes luego de haber ejecutado el método a todos los ejemplares, para cada caso.

Es notoria la efectividad inmediata de la ojota frente al aerosol, que sólo consigue un porcentaje máximo de 85 a los 45 minutos.

En lo que concierne al estudio de acción residual, se comprobó que la ojota es mucho más efectiva al corto plazo de ser aplicada, es decir, luego de aplicar el ojotazo, el número de muertes era del 100%, pero si se hacían pasar cucarachas luego de ser aplicado el ojotazo las mismas no morían (el porcentaje de muertes pasaba a ser del 0%) lo que muestra una total inutilidad a largo plazo. En el caso del insecticida, el porcentaje inicial era cercano al 85%, y a largo plazo iba descendiendo gradualmente (Figura 3).

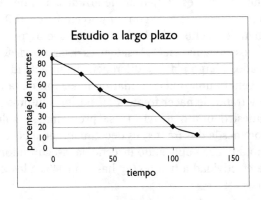

Tiempo	Porcentaje
0	85
20	70
40	55
60	42
80	38,3
100	20
120	14

Figura 3
Eficacia a largo plazo del insecticida.
Se muestra el porcentaje de decesos
correspondiente a cada tiempo.
En este caso se destaca
la eficacia del aerosol,
ya que la ojota
no produjo ningún deceso.

En este estudio los individuos permanecieron en la caja 45 minutos, que es el tiempo que le toma al insecticida llegar a su máximo efecto, es decir, se aplicaba aerosol, se aguardaba el tiempo necesario y luego se ingresaban los animales que permanecerían allí por 45 minutos, finalmente se realizaba un conteo de muertes.

Discusión

En oposición a lo postulado por Burns, quien afirma que la única manera de matar insectos es combatirlos con la mayor cantidad de insecticida posible (Burns & Smithers, 1998), comprobamos que la ojota es el método de erradicación de cucarachas más efectivo a corto plazo, con un porcentaje de 100, lo que lo hace imbatible a la hora de eliminar estos insectos, pero no posee lo que dimos en llamar efecto residual, es decir, no es efectivo, una vez aplicado, a largo plazo, a diferencia del insecticida.

Esto genera una duda: confiar en la acción de la ojota, o ir más allá y tratar de hacer frente a las posibles futuras invasoras. Desde nuestro punto de vista ese problema se solucionaría atacándolo desde dos frentes, es decir, matando a las cucarachas con la ojota y luego aplicando insecticida, asegurándonos así un 100% de efectividad a tiempo 0 y hasta un 14% a las 2 horas de aplicado.

Del estudio de la eficacia a largo plazo surge que la acción residual del insecticida cae muy abruptamente. Éste presenta una vida media (tiempo en el que mata hasta el 50% de las cucarachas) de aproximadamente 52 minutos. Para lograr una acción prolongada deberían aplicarse dosis de insecticida cada hora.

Bibliografía

Bogart, H. & Hepburn, K., "Characterization of Cockroaches", Cells, 364, 1952, pp. 115-121.

Buffy, "How to kill vampires", *Fox 2000*, 1999, pp. 1587-1591.

Burns, M. y Smithers, W., "Por una erradicación total", *Buros Publications*, 215, 1989, pp. 125-490.

Holliday, W. & Onaice, R., "Security at Home", *Nune*, 201, 1995, pp. 122-123.

Mongo, H. & Aurelio, J., "Arañas eliminadas por insecticida", *Cell*, 1500, 1998, pp. 860-865.

Noer, J. P. & Catarineu, R., "Physiology of the Invasion", *EMBO*, 254, 1935, pp. 11496-15021.

Nobleza, F. X. & Picardo, Ñ. Y., "Breve descripción de la fauna criptozooica", *Billiken*, 1536, 1940, pp. 36-42.

Nuto, K. & Ñete, K., "Rangos de efectividad en los insecticidas en aerosol", *Eco*, 2002, 1995, pp. 165-170.

Parada, P. P. & Manzini, R., "Manejos sin dolor para los insectos", *Revista del Comité por la Uniformidad*, 1978.

Las tendencias suicidas en caracoles advierten sobre patologías psiquiátricas en el hombre

MAXIMILIANO PORTAL*
Departamento de Neurobiología Canina,
Buenos Aires, Argentina.

Introducción

Al realizar estudios etológicos hemos observado un comportamiento anómalo en los caracoles citadinos (*Carakolium citadinium*), razón por la cual hemos dedicado nuestra vida a desentrañar las bases moleculares de este comportamiento. Para ello presentaremos aquí herramientas nuevas, tanto de biología molecular como físico-químicas, que le permitirán al mundo científico atravesar las fronteras del estudio del comportamiento de los animales y extrapolar esos resultados al hombre en un futuro próximo. Estamos convencidos de que el estudio del comportamiento urbano de los caracoles bajo estímulos que los inducen al suicidio colectivo nos permitirá dilucidar una faceta tan oscura del comportamiento humano como las tendencias suicidas.

Materiales y métodos

PREPARACIÓN Y CONSERVACIÓN DE INDIVIDUOS

Las muestras de caracoles *Carakolium citadinium* singénicos fueron cedidas amablemente por laboratorios Carakolium Co. Inc.,

* Maximiliano Portal es licenciado en biotecnología y actualmente trabaja en investigaciones neuroquímicas en el CIQUIBIC, Facultad de Ciencias Químicas, Universidad Nacional de Córdoba.

y mantenidas en solución salina NaCl 8 gr/l a -70 °C en freezer hasta el momento en que se realizó la experiencia. Las muestras fueron descongeladas 24 horas antes del experimento siguiendo el protocolo de Gilead *et al.* [1] y fueron mantenidas en habitáculos especiales provistos de luz artificial, aireación y alimento controlados por computadora. Los voluntarios humanos fueron proporcionados por el departamento de alumnos de nuestra universidad y mantenidos en aislamiento siete días antes de la experiencia en instalaciones especiales provistas de televisión satelital.

Estudio cuantitativo de las tendencias suicidas

Para realizar este estudio de las tendencias suicidas se realizaron curvas de muerte. Para ello se tomaron 20 caracoles, provistos de cascos de fútbol americano especialmente diseñados, que fueron inducidos a desplazarse en condiciones óptimas con agua de lluvia (como fue reportado anteriormente por Gilead *et al.* [2]), a través de una vereda transitada especialmente diseñada para el libre desplazamiento de transeúntes humanos previamente privados de visión por laceración directa de los órganos visuales con cuchillo sierrita a 500 °C. Se consideró "deceso de caracol" como aquel caracol que presentó una motilidad de 0 cm/h luego de ser aplastado por los transeúntes en las condiciones descriptas del ensayo. Para una posterior comprobación se realizó el mismo ensayo incorporando un sistema de vallado a través de la vereda de manera que impidiera el libre desplazamiento de los caracoles hacia la muerte. Para observar el efecto de distintos agentes que podrían llegar a influir en el comportamiento del caracol se los indujo a desplazarse con previa incubación en dicho agente. Las soluciones seleccionadas para la incubación fueron: agua de lluvia 2 M, agua bidestilada (como control negativo), solución de alcohol 32 % v/v sabor menta, solución Li2C03 1M, solución Prozac 0,5 M y Reserpina 0,1 M como control positivo. Los animales fueron incubados durante 30 minutos en cada solución y luego fueron depositados en un patio provisto de vereda y enredaderas en los cuales se colocaron sensores de movimiento con el fin de realizar un análisis computacional del desplazamiento. A los caracoles que en este ensayo se mostraron potencialmente suicidas se les proporcionó una sesión de electroshock de 110 volts (10 pulsos, 20 seg) con los electrodos fijados en las antenas. Posteriormente los caracoles fueron inducidos a desplazarse y se registró dicho movimiento.

Cambios en el patrón de expresión hormonal en caracoles suicidas

Como fue previamente reportado por Heinitz *et al.* [3], se observó un incremento en la velocidad de desplazamiento de los caracoles luego de la estimulación, lo cual indica un cambio en la concentración hormonal en sangre. Se extrajeron las cabezas mediante decapitación de los caracoles recientemente aplastados utilizando guillotina y se extrajeron células de tejido del sistema nervioso central. Se realizó posteriormente una extracción de RNA total y se realizó RT-PCR de los mensajeros [4]. Finalmente, se clonaron, secuenciaron y analizaron las secuencias de interés, incluyendo el gen de la suicidina.

Análisis utilizando caracoles *Knock-Out* para el gen de la suicidina

A partir de la secuencia de la Suicidina 1 obtenida anteriormente se procedió a la creación de organismos *knoc-kout* para dicha secuencia. A los mismos se los sometió a los ensayos descriptos anteriormente en la sección estudio cuantitativo de las tendencias suicidas.

Resultados

Los resultados muestran claramente la progresión en la mortalidad de los caracoles inducidos con agua de lluvia, pudiendo establecerse un modelo ballenístico en el tiempo de 4 fases claramente diferenciables. En la primera fase luego de un pulso de agua de lluvia se observa un período de latencia en el cual los caracoles parecen no percatarse del estímulo. Luego sobreviene una segunda fase en la cual la proporción de caracoles muertos se incrementa exponencialmente, una tercera en la cual la proporción disminuye lentamente a medida que pasan los minutos, y finalmente una cuarta fase en la cual una menor proporción de caracoles alcanza su objetivo. En el ensayo con vallado se obtuvieron resultados similares; sin embargo, se produjo un corrimiento de la curva de muerte hacia la derecha debido al retraso producido por este obstáculo. Se pudo determinar las trayectorias de los caracoles en respuesta a distintos agentes que influyen sobre su comportamiento. Los caracoles tratados con Reserpina (fármaco que induce depresión profunda en humanos) se desplazaron rápidamente al suicidio, obteniéndose similar resultado con los tratados con agua de lluvia. El caracol control (tratado con agua) permaneció indeciso en sus movimientos, y su desplazamiento fue prácticamente nulo. En el grupo de caracoles tratados con licor de menta y antidepresivo (Prozac) no se observó comportamiento suicida. Estos caracoles permanecieron la mayor parte del tiempo desplazándose sobre la superficie del patio sin un patrón determinado. Los caracoles tratados con litio manifestaron conductas anómalas como salto y elevado consumo de nicotina. En los caracoles suicidas sometidos a electroshock se observó una reversión en el comportamiento suicida, como era esperado.

Los experimentos de biología molecular comprobaron la existencia de un mensajero diferencial en las muestras que fueron inducidas con agua de lluvia. A partir del clon para dicha secuencia se pudo aislar una proteína a la que se denominó suicidina 1. Los caracoles *knock-out* para la suicidina 1 no presentaron respuesta alguna ante inducciones sucesivas o con concentraciones crecientes de agua de lluvia. Sin embargo, datos preliminares indican que las drogas antidepresivas presentan actividad a pesar de la depleción del gen que codifica para la suicidina 1, sugiriendo que las vías fisiológicas los que los estimulan no se encuentran ligadas de ninguna manera con esta proteína.

Discusión

Los experimentos presentados en el marco de este trabajo nos han llevado a dilucidar un mecanismo aparentemente similar al que ocurre en seres humanos que padecen de patologías como depresión aguda severa y trastornos asociados a ésta mediante la determinación de la causa intrínseca que subyace a los suicidios colectivos de caracoles citadinos luego de una lluvia. Los detalles moleculares finos todavía están por develarse y nuestro laboratorio ha encontrado una profunda motivación para continuar con las investigaciones pertinentes. La caída brusca en las concentraciones plasmáticas de serotonina y de noradrenalina indica un posible cuadro depresivo en los caracoles inducidos con agua de lluvia. Dicha depresión puede ser revertida mediante agentes antidepresivos que presentaban actividad, hasta este momento, solamente en humanos, dándole a la sociedad protectora de caracoles un arma fundamental para detener los suicidios en masa. La determinación de que existe un factor (que denominamos suicidina 1) en caracoles, y que presenta alta homología con humanos, nos permite hipotetizar sobre un antepasado común en la cadena evolutiva.

Cabe destacar que, a pesar de la sangre derramada, se logró alcanzar una frontera más, antes inexplorada por el hombre.

Referencias

1. Gilead *et al.*, "Ontogenia y conservación de caracoles citadinos", *Caracol Biotechnology*, 23, 1995, pp. 23-1745.

2. ——, "El agua de lluvia mueve la casa", *Caracol life science*, 2, 1992, pp. 56-59.

3. Heinitz *et al.*, "Cambios en el patrón hormonal de caracoles suicidas", *Cell*, 3, 1995, pp. 25-65.

6. Sambrook *et al.*, "Novel empleo de polimerasa 8 para PCRrear con gusto", *Life sciences*, 5, 2000, pp. 324-327.

Detección temprana del síndrome
Homo sapiens sapiens bolsum

María Candelaria Rogert* y Martín Fabani**

Introducción

Luego del descubrimiento y la caracterización del primer ejemplar de la subespecie *Homo sapiens sapiens bolsum (Hssb),* vulgarmente conocido como "viejo de la bolsa" [1], la ciencia entera se ha abocado a tratar de encontrar un método que permita detectar en forma temprana potenciales miembros de esta subespecie entre una población heterogénea de *Homo sapiens sapiens (Hss).* Como bien explica Alderete [1], una serie de mutaciones en el fragmento pJ13.3 del cromosoma 9 de células neuronales produce un cambio genotípico en *Hss* convirtiéndolo en *Hssb,* individuo infantívoro, de comportamiento deambulatorio, con un pico máximo de actividad entre el solsticio vernal y el equinoccio otoñal, particularmente entre la 1 pm y las 4 pm.

Si se lograra encontrar en forma temprana un marcador molecular o a los agentes mutagénicos responsables se podría prevenir la aparición de nuevos *Hssb* y la consiguiente disminución de infantes durante la tarde. Hasta la fecha no se conocían los motivos por los cuales esta subespeciación ocurre solamente en gerontes caucásicos de sexo masculino; la información aportada por

* María Candelaria Rogert es licenciada en biotecnología y trabaja en fluorescencia y química de oligonucleótidos en Solexa Inc. (Reino Unido) desarrollando una nueva plataforma de secuenciación y análisis genético basada en micro-arrays.

** Martín Fabani es licenciado en biotecnología y doctor en farmacia (Universidad de Manchester). Actualmente trabaja en el Laboratorio de Biología Molecular (MRC) de la Universidad de Cambridge en química de oligonucleótidos.

este trabajo arroja un manto de luz sobre este misterio. También se presenta evidencia experimental que permite la detección temprana de individuos mutantes y ambientes exacerbantes de las mutaciones.

Materiales y métodos

Animales: 200 gerontes de aspecto saludable *Hss* machos y hembras fueron adquiridos en PAMI (Argentina). Los 10 *Hssb* fueron gentileza de Alderete *et al.* Ratones BALB/c endocriados, fueron gentileza de Gatoconbotas (Wonderland).

Caracterización *in situ:* Se utilizó un detector de postizos "L Kinch" modelo 19321-CSM (Tonycuozzo, Arg.), siguiendo las instrucciones del fabricante. La detección de prótesis dentales se realizó siguiendo el protocolo LVLT (La Vauquíta linked teeth, Arg.). Para el resto de los métodos utilizados en la caracterización ver [2].

Western Blot: Los geles SDS-PAGE de proteínas fueron realizados de acuerdo con el método de Lamelli, transferidos a una membrana de nitrocelulosa e incubados con los anticuerpos monoclonales de conejo anti PelO (adquiridos por gentileza de Tusam). El método de detección del ensayo consistió en un conjugado Anticuerpo anticonejo quimioluminiscente.

PCR-RFLP: Se utilizaron los primers ITS-R380 (gentileza de The Balding Lab. Inc. USA), con un perfil de ciclado frente y lateral derecho; las enzimas de restricción utilizadas fueron Tcor Tl y Tkgue 2.

Inmunodetección: Se realizó un ELISA de captura siguiendo protocolos previamente publicados [3] y se usó el anticuerpo primario (Monoclonal conejo anti PelO) y como secundario se utilizó un anticuerpo biotinilidado, luego se incubó con un conjugado avidina peroxidasa usándose un reactivo colorimétrico (ONPG) para cuantificar. El punto de corte entre negativo y positivo se determinó por cálculos estadísticos.

Análisis bioinformática: la secuencia publicada [1] fue contrastada con la base de datos nr del BLASTn y BLASTp para búsqueda de homologías. Se utilizó además el soft Dot Plot (WinDot) como interfase gráfica. Para una completa revisión ver [4].

Análisis ambiental: se utilizaron ensayos microbiológicos y bioquímicos comunes. Las muestras gaseosas fueron sometidas a cromatografía gaseosa (CG) y a resonancia magnética nuclear (RMN) utilizándose los protocolos de [5].

Resultados

Caracterización *in situ*. Se estudió una población de gerontes de entre 70 y 75 años, saludables, 70 kg de peso promedio, para encontrar el o los factores característicos propios de la subespecie *Hssb* (Tabla 1).

El análisis detallado de las fibras componentes de los sombreros nos permitió detectar la presencia de ácidos grasos y ceras normales de origen capilar junto a un compuesto derivado de la esterificación de un ácido graso y un compuesto de origen desconocido (Figura 1). Este compuesto se halló solamente en los sombreros, cuero cabelludo y epidermis de los especímenes mutantes estudiados (n = 10); en los sombreros de animales de genotipo normal sólo se hallaron los ácidos grasos y ceras naturales.

Análisis ambiental. Debido a la falta de datos sobre el origen de la sustancia desconocida se procedió a analizar mediante ensayos bioquímicos y microbiológicos muestras obtenidas a partir de los individuos en cuestión. Los ensayos por CG indicaron la presencia de un compuesto orgánico (C) volátil, que podría ser un precursor del agente mutagénico.

El modelo propuesto resulta coherente ya que:

$$A + B \xrightarrow[\text{fibras de lana}]{37\,^{\circ}C,\ 1\ atm} C$$

siendo B una molécula de ácido graso de 16 carbonos.

Tabla 1
Caracterización *in situ*

		Hss		Hssb	
		Hembras	Machos	Machos	Hembras
Características	N	97	105	10	0*
Dieta alimentaria	Alto nivel HC	83,2%	75,4 %	80%	-
	Alto nivel GR	1,4%	4,5%	00/0	-
	Alto nivel PR	15,4%	20,1 %	20%	-
Otras características	**Postizo**	**20,1%**	**12,3%**	**0%**	-
	Prótesis dental	93,5%	97,3%	90%	-
	Sombrero	**5,2%**	**20,3%**	**100%**	-
	Bastón	43,5%	68,3%	50%	-
Franja horaria de actividad	6 am-12 pm	83,5%	80,1%	30%	-
	1 pm-5 pm	**32,1%**	**15,3%**	**100%**	-
	5 pm-7 pm	**70,5%**	**72,3%**	**100%**	-
	9 pm-12 am	2,3%	3,1%	100%	-

*No se encuentran hembras con esas características.
Los valores en negrita corresponden a las características diferenciales
entre ambas poblaciones estudiadas en detalle.

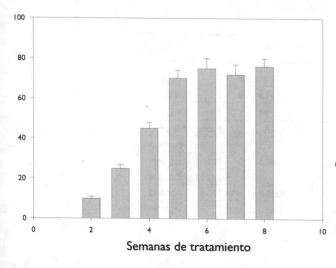

Figura 1
Compuestos orgánicos. A: compuesto orgánico desconocido.
B: ácido graso de 16 carbonos.

Capacidad mutagénica de C. Se frotó la cabeza de ratones BALB/c con distintas concentraciones del compuesto C y se comprobó que a los 35 días el 100% de los ratones presentaba comportamiento caníbal (Figura 2). Se buscó posteriormente la relación entre este comportamiento y los cambios moleculares tanto en proteínas como en DNA (ELISA, Tabla 2 y RFLP, datos mostrados).

Semanas de tratamiento

Figura 2
Canibalismo en ratones en función del tratamiento con el compuesto purificado.

Análisis bioinformático. Los resultados del BLASTp a partir de la secuencia de la proteína Pecuatr040 codificada en células neuronales (mutante y no mutante), arrojan una alta homología con respecto a la proteína PelO de Tarántula (datos no mostrados); la región de homología estaría centrada en la porción C terminal de Pecuatr040.

Análisis proteico. A partir de los datos hallados por Tusam *et al.* [6] se sabe sobre la existencia de una proteína conocida como PelO, sintetizada en gran cantidad momentos después del coito en tarántulas del Amazonas. Según estudios recientes [7], esta proteína actuaría como una señal hormonal que dispararía el comportamiento caníbal en este tipo de arácnidos. A partir de esta información se buscó un análogo de PelO en los animales bajo estudio por ELISA y Western Blot (ver Tabla 2).

Tabla 2
Efecto de extractos de *Hssb*, tarántula y ratón
sobre el comportamiento caníbal

Descripción			Resultado
HSS	Macho		Negativo
	Hembra		Negativo
HSSB	Macho		Positivo
Extracto Tarántula	Precoito	Macho	Negativo
		Hembra	Negativo
	Postcoito	Macho	Negativo
		Hembra	Positivo
Extracto BALB/c	Ratón + Comp.		Positivo
	Ratón control		Negativo

Discusión

Como se puede ver en este estudio hemos encontrado un nuevo compuesto que se encuentra sólo en el aire circundante de *Hssb*. Mediante RMN hemos podido identificar a este compuesto como 2,3 dimetilaminoformil-5-trien-2-F-9,15-amido-8tribenceno; además se verificó la estructura del producto de esterificación y del ácido graso precursor. Si bien no pudimos determinar si el compuesto es un precursor de un agente mutagénico o es mutagénico por sí mismo, pudimos asociar su presencia con la mutación estudiada previamente. En el ensayo de RFLP se pueden ver las bandas diferenciales asociadas a la aparición de una mutación en la región genómica estudiada. Esta mutación provoca un cambio genotípico en las células de la glía de la corteza cerebral particularmente en la proteína pecuatro40 [1], proteína estructural, susceptible de clivaje en dos proteínas nuevas. Una de ellas, pelO, es la causante de la actividad infantívora en los *Hssb*, por lo que fue bautizada como infantivorina. Esta propiedad del análogo de Infantivorina ya fue descripta por Tusam en su trabajo sobre obtención de sueros policlonales anti pelO en conejos [7]. Como se pueden ver en los ensayos de ELISA (Tabla 2) y Western Blot realizados, la aparición de pelO está asociada exclusivamente al proceso de subespeciación, y se encuentra en forma de proteína plasmática, posiblemente cumpla una función de tipo hormonal, pero eso todavía no fue estudiado.

Del Western Blot podemos extraer varias conclusiones. Vemos que la expresión de pecuatr040 está ampliamente difundida en todos los órganos de los *Hss* como así también de los *Hssb*, pero que en el cerebro de *Hssb* se encuentra otra proteína de peso molecular mucho menor (igual peso molecular que el producto proteico hallado en tarántulas hembra luego de la cópula). También observamos que la proteína pecuatr040 en su estado nativo nunca es secretada en plasma, sólo es secretado el producto de clivaje de la misma (Infantivorina). Asimismo, en ensayos rea-

lizados con ratones pudimos comprobar que la inyección de PelO provoca comportamiento caníbal.

Los resultados claros y contundentes del ELISA permitieron
desarrollar el test de diagnóstico temprano (con el único incon-
veniente de que para que sea temprana uno debe comenzar a ex-
perimentar muy temprano en la mañana).

Referencias

1. Alderete, V., "Viejo de la bolsa, ¿un mito?", *Anales del PAMI*, 1,
   1995, pp. 1-15.
2. SUMO, "Estoy rodeado de viejos vinagres", *Grandes éxitos*, 1,
   track 3, 1990.
3. Van Beethoven L., "Para Elisa", 1786.
4. Bassi, S., "Enfoque bioinformático de UNIX en entorno DOS", *Eur.
   J. Bioinfo 2000*, 5, pp. 21-30.
5. Flateu, P., "L'amour P.: Espectroscopía e identificación de olores",
   Eur. J. Spect 1985, 825, pp. 17-20.
6. Tusam, Camo T., "El truco de la tarántula", *Puede Fallar*, 184,
   1998, pp. 15-19.
7. ———, "L'tarantule et le conejín se le morfé", *Journal of Chan-
   tologism*, 32, 1999, pp. 22-29.

El desesperado intento
de *Culex pipiens*
por mantenernos despiertos

ROSANA ROTA*
Instituto de Investigaciones Mosquiteras

Resumen

El zumbido de los mosquitos hembra es una de las principales razones por las que un *Homo sapiens sapiens* se mantiene despierto aun estando muy cansado, ya que aumenta su intensidad ni bien éste apoya la cabeza sobre la almohada dispuesto a conciliar el sueño.

En este trabajo se analizó la intensidad del zumbido según los diferentes Estados de Ensoñación [5] para una población heterogénea de *Homo sapiens sapiens* de 20 a 65 años de edad. Para ello se captó el zumbido mediante micrófonos conectados a un microprocesador y se determinaron los diferentes Estados de Ensoñación a partir de las vibraciones sensoriales captadas por los sensores Sensatuti conectados al mismo microprocesador. Es sumamente importante el análisis de los resultados para las empresas ya que las lleva a evaluar la posibilidad de proveer a sus empleados de buenos repelentes y así aumentar sus ingresos.

* Rosana Rota es licenciada en biotecnología y trabaja en el laboratorio de Inmunología y Virología de la Universidad Nacional de Quilmes, donde desarrolla su trabajo doctoral sobre rotavirus en la Argentina.

Introducción

"Mosquito" es un nombre común para casi dos mil especies de insectos que se agrupan bajo tal categoría. Tienen alas largas y delgadas, con unas escamas de pequeño tamaño, lo que los diferencia del resto de las moscas. El zumbido familiar que nosotros oímos se produce por las alas, que vibran rápidamente y dan 500-600 golpes por segundo [1]. Los que nos atañen en este trabajo pertenecen al grupo de mosquitos *Culex pipiens*, ya que son los únicos del área que pican de noche y los más ampliamente distribuidos en el mundo. *Culex pipiens* posee un cuerpo estrecho, de aproximadamente 5,5 mm de longitud, marrón con marcas blancas en las patas y parte de la boca. Su cabeza está cubierta principalmente por dos ojos compuestos grandes que le dan una excelente visión y tiene dos antenas largas que son sensibles al olor, tacto y humedad del aire. Las hembras poseen un aparato bucal largo adaptado para perforar y succionar la sangre, la cual parece ser necesaria para el desarrollo de los huevos. El aparato bucal de los machos, que se alimentan de néctar y agua, es rudimentario. Las hembras de este grupo atacan principalmente a los animales de sangre caliente. Cuando muerden inyectan en la herida un poco de su fluido salivar, causando hinchazón e irritación [2]. Últimamente se han realizado numerosos estudios en diferentes empresas acerca de la disminución en el rendimiento laboral de los trabajadores. Se ha determinado que los mismos sufren de un cansancio excesivo cuyo origen podría radicar en las pocas horas dedicadas al sueño. Una de las excusas planteadas por los trabajadores al ser consultados fue la molestia causada por el zumbido de los mosquitos cuando se disponían a conciliar el sueño [3]. En este trabajo se trata de resolver esta cuestión mediante el estudio de la intensidad del zumbido mosquitero con los diferentes Estados de Ensoñación en una población trabajadora.

Materiales y métodos

Voluntarios. Se seleccionaron 120 voluntarios *Homo sapiens sapiens* de 20-65 años de edad. Se realizó un control negativo utilizando cinco voluntarios, tres femeninos y dos masculinos, de aproximadamente 45 años de edad, que fingen los diferentes Estados de Ensoñación. Como control positivo se utilizaron los datos obtenidos a partir de un grupo de practicantes de yoga (10 personas). Se mantuvo a los voluntarios despiertos y realizando sus actividades normales durante las 14 horas previas a la experiencia. Luego se les colocaron los sensores Sensatuti según manual adjunto y se les permitió entrar a una de las habitaciones posteriormente descriptas. Se los mantuvo allí durante 10 horas, al cabo de las cuales se finalizó la medición.

Mosquitos. Se seleccionaron 67.500 larvas de mosquito hembra de la especie *Culex pipiens* en perfecto estado de desarrollo [4]. Se dejaron crecer por 15 días en su ambiente ideal [5]. En forma previa a la experiencia se dividieron de a 500 especímenes y se introdujeron en las diferentes habitaciones por el método de Flynts [6].

Construcción de la habitación. Se construyeron 45 habitaciones de 6 m^2, con una cama equipada con colchón y almohada. En éstas se colocó un expendedor de agua y un mínimo sanitario. Se distribuyeron en paredes, techo y cama 20 micrófonos inalámbricos de amplio alcance, cuya señal es captada por un microprocesador.

Captación de señales vibratorias sensoriales. Las señales vibratorias sensoriales a partir de las cuales se pudieron determinar los diferentes Estados de Ensoñación se captaron con los sensores Sensatuti. Éstos fueron utilizados como se indica en el manual adjunto.

136

Análisis de los datos. Para este fin se utilizó un programa capaz de captar tanto la señal de los sensores colocados a los voluntarios para medir el estado de ensoñación como la emitida por los micrófonos y graficarlas.

Ensayo de medición de zumbidos. En la habitación anteriormente descripta se colocaron 500 mosquitos hembra de la especie *Culex pipiens* de 5 días de edad. Luego se permitió el ingreso de un voluntario con 14 horas de insomnio, provisto de los sensores Sensatuti. En la habitación se colocó una cama con colchón y almohada a gusto del voluntario. Éste se recostó en la cama dispuesto a conciliar el sueño. A través de los sensores se midió el Estado de Ensoñación del voluntario.

Estados de Ensoñación. Se consideraron 5 diferentes Estados de Ensoñación: 1: Despierto completamente; 2: Estado de somnolencia 1 (aumento del parpadeo); 3: Estado de somnolencia 2 (cabeceo); 4: Estado de somnolencia 3 (dormitar); 5: Sueño profundo [7].

Resultados

Los datos obtenidos fueron extremadamente concordantes entre los 120 voluntarios, por lo que se promediaron y se utilizaron para realizar un único gráfico representativo. En éste se observa que mientras el individuo está completamente despierto (Estado de Ensoñación 1) el zumbido se mantiene en un nivel basal de aproximadamente 8 a 10 dB. A medida que el voluntario entra en los diferentes Estados de somnolencia (Estados de Ensoñación 2, 3 y 4), el zumbido aumenta su intensidad hasta alcanzar un máximo de aproximadamente 34 dB cuando se dormita. Finalmente, pasado este estado, la intensidad del zumbido disminuye levemente (~33-33,5 dB) y se mantiene constante. El gráfico se muestra en la

Figura 1 (Serie 1). Cuando se realizó el control negativo, es decir, con los voluntarios fingiendo encontrarse en los diferentes Estados de Ensoñación, se observó que la intensidad del zumbido se mantenía en su estado basal. En cuanto al control positivo, se observa el mismo patrón obtenido para los trabajadores, sólo que no se puede analizar el estado de Ensoñación 5 debido a que los practicantes de yoga permanecen en el Estado 4 (Figura 1, Serie 2). Con el paso del tiempo, la intensidad del zumbido se mantuvo constante en el máximo (~34 dB) (resultados no mostrados).

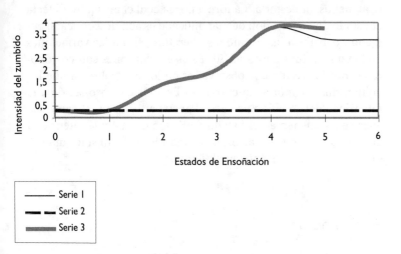

Figura 1
Estados de Ensoñación vs. Intensidad del zumbido (dB). Cada punto de abcsisa corresponde al Estado de Ensoñación correspondiente. Una intensidad de 1 representa 20 dB, de 2 representa 25 dB, de 3 representa 30 dB y de 4,35 dB.La Serie 1 representa los datos de los voluntarios trabajadores, la Serie 2 los datos del control positivo y la Serie 3 los datos del control negativo.

Conclusión

A partir de los resultados obtenidos podemos afirmar que el mosquito aumenta los decibeles de su zumbido ni bien un *Homo sapiens sapiens* entra en Estado de Ensoñación 2. El aumento depende del estado alcanzado, obteniéndose un máximo cuando se ingresa en el Estado de Ensoñación 4 [7], es decir justo antes del sueño profundo. Este resultado es independiente de la edad, el sexo o la situación económica del trabajador. Una vez dormido, el nivel del zumbido se mantiene alto y aproximadamente constante, dado que el insecto no cesará en su intento por despertar a su objetivo. La posible razón de este comportamiento sería el deseo del insecto de mantener a su presa despierta para alimentarse de ella (es conocido el efecto de la vigilia sobre el gusto de la sangre) o, al menos, molestarla. La forma por la cual el mosquito detecta el Estado de Ensoñación del damnificado es aún desconocida, pudiendo deberse a las hormonas liberadas [8] o a las variaciones en la temperatura corporal [9]. Estas conclusiones son corroboradas por los resultados observados en los controles, ya que los voluntarios fingidores no entran en Estados de Ensoñación y la intensidad del zumbido no varía. Por su parte, los practicantes de yoga se mantienen en el Estado de Ensoñación 4 y la intensidad del zumbido sigue el patrón observado hasta el mismo, manteniéndose luego constante en el tiempo.

Referencias

1. *Enciclopedia Encarta*, 4ta edición, 2002.
2. Rota, R.; Bossio E. y Pellegrini M., "Mosquito Culex Pipiens: Características Generales", *Revista Insectos Hoy*, 137, 2001, pp. 593-734.
3. Salbuchi, W., "Los Trabajadores de Hoy: Disminución del Ren-

dimiento", *Boletín de la Asociación Argentina de Trabajadores*, 83, 2002, pp. 123-159.

4. Marcuchy, J. y Sortiguetti L., "Larvas, desarrollo y más", *Revista Insectos*, 13, 1957, pp. 45-83.

5. Chilavert, M.; Josué, K. y Roberts, H., "Cómo criar mosquitos", *Boletín de la Sociedad Criadora de Animales*, 58, 1988, pp. 441-558.

6. Flynts, D., "Captura de insectos indeseables", *Revista Insectos*, 86, 1978, pp. 103-298.

7. Oníricus, X., "Il sonno e i sui sttati", *Revista Soñadores*, 2, 1975, pp. 3-67.

8. Feldman, F. y Georges, B., "Onirihormonas Durmientes", *Revista Soñadores*, 22, 1995, pp. 88-111.

9. Richter, L.; Mocciola, R.; Pérez, E. y Pagnutti, L., "Fluctuaciones y desórdenes de la temperatura corporal", *Revista Los Calores*, 45, 1993, pp. 894-1001.

Análisis de la divinidad del botón

Lucía Speroni*

Resumen

Para cuantificar la divinidad contenida en botones, se desarrolló una técnica que permitió el seguimiento de la reacción de éstos en agua bendita. Se obtuvieron datos cuantitativos del desprendimiento de gases maléficos y cambios de temperatura infernales, que permitieron calcular el ΔH experimental de la reacción. Se definió la unidad de grado de divinidad (GRADIV). Los resultados obtenidos del análisis de grado de divinidad comparados con los de inversión del grado de divinidad sugieren que esta característica es endógena del botón y que podría determinar la tendencia del individuo portante a irse al mismísimo infierno.

Introducción

Evidencias experimentales, como las obtenidas por K. Lumnia [1] alrededor del año 1400, impulsaron la investigación científica en el ámbito de la teología. Desde aquel entonces, el estudio del aura [2], las imágenes lloronas [3] y las apariciones milagrosas [4] han sido sometidas al análisis físico termodinámico, químico, biológico y neurálgico. En 1654, la iglesia católica intentó ganar feligreses y concedió un subsidio a María de Todos los Ángeles para que finalizara el manuscrito en el que afirmaba que mediante la alquimia había logrado introducir el alma de un di-

* Lucía Speroni es licenciada en biotecnología y actualmente trabaja en su tesis doctoral sobre liposomas en la Universidad Nacional de Quilmes.

funto sacerdote en un jarrón. Pero, por cuestiones políticas [5], años más tarde el trabajo fue quemado en la hoguera junto con su autora, pionera en llevar la religión al laboratorio.

En las últimas décadas se han realizado numerosos esfuerzos por validar científicamente la presencia divina en ciertos objetos inanimados.

El estudio de imágenes de santos mediante radiación gamma, equis y nabla [6] permitió confeccionar patrones de difracción relacionados con la presencia de carácter divino.

El objetivo de este trabajo fue cuantificar la divinidad contenida en el botón y estudiar termodinámicamente [7] la reacción de éste en agua bendita. Además se intentó dilucidar el efecto que tiene la divinidad del botón sobre el individuo portador.

Materiales y métodos

Obtención y preparación de las muestras

Botones de plástico fueron donados por individuos de sexo masculino, de 33 años, agrupados en las siguientes categorías : (A) sacerdote, (B) hombre muy honrado y casto, (C) hombre corriente, (D) hombre mentiroso e infiel, (E) ladrón de gallinas y (F) asesino serial condenado a cadena perpetua. Los donantes cumplen las siguientes condiciones: mismo peso (kg) con variación de 5 kg, duermen aproximadamente la misma cantidad de horas (promedio anual), acatan y/o aceptan igual cantidad (promedio anual) de órdenes y reproches de sus esposas (o individuo de mayor jerarquía en el caso del sacerdote y el asesino serial), ocupan el mismo lugar en el ranking de vanidad formulado por jurado femenino, mantienen igual cantidad de relaciones sexuales (promedio anual) (excepto sacerdote y asesino serial), profieren igual cantidad de quejidos / gritos (promedio anual) –similares en decibeles– (incluyendo sacerdote y asesino serial). Estas condiciones se establecieron para la normalización en cuanto a pecados capitales cometidos hasta el comienzo de los experimentos. Se tomaron 3 botones de la prenda más utilizada de 10 individuos de cada categoría, obteniendo un número total de 60 botones. Se consideró una muestra al conjunto de 3 botones.

Se lavaron las muestras tres veces con PBS más 1% Mugre-cleaner.

TÉCNICA EXPERIMENTAL PARA LA CUANTIFICACIÓN DE LA DIVINIDAD

La reacción de los botones en agua bendita se llevó a cabo en un calorímetro (Lumilagro) a presión constante. Siendo que la reacción es exotérmica [8], se midió la temperatura que alcanzó el sistema durante el transcurso de la reacción. Se colocó un tubo de evacuación de gases para la medición de volumen desprendido. Un esquema del equipo se muestra en Figura 1.

En el calorímetro se colocó 1 litro de agua bendita, certificada por el obispo del condado autorizado por el Papa, y la muestra. Se repitió el experimento para todas las muestras de cada categoría.

En el experimento control se reemplazó el agua bendita por agua destilada.

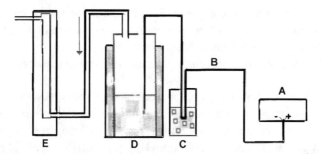

Figura 1
Esquema del equipo utilizado. La reacción se realizó en un calorímetro (D) espejado, de doble pared evacuada. En éste se instaló una termocupla (Calorifik) (B) conectada a un milivoltímetro (Eveready) (A) que registró datos de temperatura (cada 1 min) durante el transcurso de la reacción (10 min) utilizando como referencia un baño a 0 °C (C). El volumen (ml) de gases maléficos desprendidos se registró mediante caudalímetro (Gaseosito, Inc.) (E) y se tomaron muestras de éstos.

CÁLCULO DEL ΔH_R

Con los datos registrados por la termocupla, convertidos a grados Celsius mediante curva de calibración, se calculó el T experimental para cada reacción (datos no incluidos).

La constante K del calorímetro se obtuvo experimentalmente mediante procedimiento estándar [9], y se incluyó en la ecuación para el cálculo de H_r. Esta constante representa el calor empleado para elevar la temperatura de las paredes del calorímetro más la pérdida de calor por conducción.

ΔH_r para cada reacción se calculó mediante [10]:

$$\Delta H_r = (mi_{agua}.Cp_{agua} + mf_{agua}.Cp_{agua}).\Delta T + K.\Delta T$$

donde mi_{agua} es la masa (g) inicial de agua y mf_{agua} la final y Cp_{agua} (cal. $^{\circ}C^{-1}.g^{-1}$) es la capacidad calorífica del agua bendita [12]. Se calculó el ΔH_r promedio para cada categoría.

Para el cálculo de ΔH_r control se reemplazó Cp de agua bendita por Cp agua destilada [12].

Análisis del grado de divinidad

Para facilitar la comparación de los datos obtenidos, definimos: 1 grado de divinidad (GRADIV) equivale a la cantidad (g) de botón que, en 1 litro de agua, produce un desprendimiento de 5 ml de gas en 10 minutos a condiciones normales de presión y temperatura.

ANÁLISIS DE INVERSIÓN DEL GRADO DE DIVINIDAD

Se tomaron 3 botones de la prenda de cada individuo y se cosieron a la prenda de otro de distinta categoría según el esquema: (A) por (F), (B) por (E), (C) por (D). Transcurrido un año, se descosieron los botones y se sometieron las muestras (referidas más adelante como muestras invertidas) al experimento para el cálculo de GRADIVS, T y ΔH_r promedio por categoría.

Resultados

Cálculo del ΔH_R

El valor experimental de K fue de 48,3 cal. $°C^{-1}$.

Los ΔH_r para cada reacción fueron calculados (datos no incluidos) y con ellos se calculó ΔH_r promedio para cada categoría (Tabla 1).

En todos los casos, como era esperado, el ΔT de experimento control fue igual a cero resultando en $\Delta H_r = 0$.

Tabla 1
Valores ΔH_r por categoría

Categoría (cal.mol^{-1})	$-\Delta H_r$
A	☺
B	☹
C	☹
D	☯
E	✪
F	☹

Análisis del grado de divinidad

Se calcularon los GRADIVs por categoría utilizando el promedio de volumen de gas desprendido (Tabla 2).

El volumen de gas desprendido en las reacciones control fue despreciable (datos no incluidos).

Tabla 2
Análisis del grado de divinidad

Categoría	Vol. gas (ml)	GRADIVs
A	10,1	%
B	11,3	#!!
C	15,0	¿?¿?
D	15,5	:)
E	17,1	;)
F	32,5	;(

ANÁLISIS DE INVERSIÓN DEL GRADO DE DIVINIDAD

El volumen de gas desprendido y el ΔT de las reacciones de las muestras invertidas fueron aproximadamente iguales, con variaciones no significativas. Esto resultó en valores de GRADIVs, ΔT y ΔH_r para cada categoría (datos no incluidos) similares a los calculados para el experimento anterior.

Discusión

En este trabajo se logró cuantificar el carácter divino de los botones. Los datos obtenidos de la reacción de los botones en agua bendita concuerdan con lo esperado: la malignidad del individuo es directamente proporcional al volumen de gas desprendido.

Hasta el momento, la reacción sólo puede ser estudiada aplicando el modelo de caja negra [11], ya que aún no se han identificado los compuestos químicos reaccionantes ni los productos. Como consecuencia, no existen valores de ΔH_r teóricos contra los cuales comparar los ΔH_r experimentales calculados en este trabajo. Los últimos serán de utilidad para futuras investigaciones en esta área de la teología.

Las muestras recolectadas de gases maléficos desprendidos serán sometidas en el futuro a un análisis exhaustivo con el fin de identificar sus componentes.

Los resultados obtenidos del análisis de inversión del grado de divinidad demuestran que sería factible que el grado de divinidad fuera endógeno de cada botón, ejerciendo su poder divino sobre el individuo portador. Sin embargo, para validar esta hipótesis se deberá analizar con el transcurso del tiempo el comportamiento de los individuos cuyos botones han sido invertidos.

Referencias

1. Lumnia, K., "Azufrum et Lucifer", *Santus*, 2, 1400, pp. 2-4.
2. M. & Ento, "De la ciencia al chantaje", *Curros magazine*, 104, 1982, pp. 88-89.
3. Heinz, *et al*. "Las lágrimas no son ketchup", *Arte culinario*, 88, 1490, pp. 9-12.
4. Fantas & Min., "Ver para creer en la fe", *Journal fantasmagórico*, 22, 1500, pp. 3-10.
5. Cantú, C., "Matarás a quien te contradiga: el mandamiento perdido", *Historia Universal*, Londres, Planeta, 4ª edición, 1800, pp. 66-68.
6. Armark & Lombo, "Thanks to Rosalin", *Stealing science*, 199, 1953, pp. 24-29.
7. Maxwell, *et al.*, "No se olviden del diablillo", *Science*, 76, 1832, pp. 46-50.
8. Pedro, San, "Burbujeante maldad", *Pseudosciencia*, 12, 1200, pp. 10-12.
9. Levine *et al.*, "Kalorifiski", *Termodinámica comunista*, 11, 1977, pp. 12-14.
10. Lok & Yo, "Termodinámica y sus consecuencias mentales", *Neuroscience*, 22, 1995, pp. 45-48.
11. Muchos *et al.*, "Lo que no conozco, hago de cuenta que no está y encima escribo un paper sobre eso", *Cell*, 45, 1980, pp. 178-180.
12. Labor & Oso, *Handbook of physics and chemistry*, Australia, Blabla, 9ª edición, 1894, pp. 1234-1235.